33 ENERGIESPAR-HÄUSER

Thomas Drexel

33 ENERGIESPAR-HÄUSER

Aktuelle Beispiele und neue Fakten
zum nachhaltigen Bauen

Deutsche Verlags-Anstalt

Inhalt

5

Energiesparhäuser – die Zukunft des Wohnens!

Explodierende Energiekosten – und kein Ende? Öl- und Strompreise klettern seit Jahren nach oben, verteuern das Wohnen in den eigenen vier Wänden immer mehr und verschlechtern die CO_2-Bilanz – solange man von diesen Entwicklungen abhängig ist.

Das Buch zeigt Bauherren, Architekten und anderen am Bauprozess Beteiligten anhand von 33 architektonisch vorbildhaften Energiesparhäusern die Chancen aktuellen nachhaltigen Bauens. Es handelt sich durchgehend um in den letzten Jahren fertiggestellte Wohnhäuser sowie einige Umbauten, deren Energiebedarf den gesetzlich geforderten Niedrigenergiestandard deutlich unterschreitet und die innovative neue Konzepte der Energieeinsparung und Energieversorgung aufweisen. Viele Niedrigstenergie-, Passiv- und sogar Plusenergiehäuser weisen den Weg zum zukunftsfähigen, dabei aber finanziell vernünftigen Wohnhausbau.

Dabei werden verschiedene Möglichkeiten und Wege beschrieben. Bei der Heizungstechnik ist etwa die Kombination von Scheitholzkesseln oder Pelletöfen und Kollektoren ebenso möglich wie der Einsatz einer Wärmepumpe zusammen mit einer solaren Lösung. Das Energiesparhaus erfordert noch mehr als »normale« Häuser eine perfekte Planung und Bauausführung, für die die 33 Vorzeigeprojekte aus Deutschland, Österreich und der Schweiz stehen. Jedes Haus wird in Fotos, Plänen und Texten einschließlich informativer Baudatenaufstellungen – insbesondere inklusive der relevanten Energiedaten – präsentiert. Alle vorgestellten Varianten erlauben die Inanspruchnahme öffentlicher Fördergelder, die zunehmend zur Verfügung gestellt werden.

Das Energiesparhaus planen

Zwar legen die geltenden Vorschriften für den Wohnhausbau in Deutschland – hier insbesondere die Energieeinsparverordnung (EnEV) –, Österreich und der Schweiz allgemein gültige Grenzwerte für den erlaubten Heizenergie- und Primärenergiebedarf fest, aber die mit der Planung einhergehenden Überlegungen sind insgesamt derart komplex, dass unbedingt ein(e) auf die Materie spezialisierte(r) Architekt(in) beauftragt

werden sollte, die, beziehungsweise der erstklassige Architektur mit höchster Energieeffizienz zu verbinden weiß. Die Projekte der in diesem Buch vertretenen Planer können
als gute Referenzen dienen, ansonsten gilt es, sich im Vorfeld der Baumaßnahme ein-
gehend zu informieren und Beispielobjekte in der Umgebung zu erkunden. So lassen sich
am besten Rückschlüsse auf die Kompetenz des jeweiligen Planers ziehen.

Passivhaus, KfW-Effizienzhaus und Plusenergiehaus – eine kleine Begriffsklärung

Gelegentlich ist ungeachtet der geltenden verbindlichen Normen und Energiegrenzwerte
eine gewisse Verwirrung hinsichtlich der unterschiedlichen Bezeichnungen für energieeffiziente Häuser und deren jeweilige Erfordernisse festzustellen. So ist die Bezeichnung
Passivhaus (im Unterschied beispielsweise zu den KfW-Standards, vgl. www.kfw.de) kein
vom Gesetzgeber oder öffentlichen Fördergebern vorgegebener Begriff, sondern versteht
sich zunächst einmal als Gebäude, das seine Wärme primär durch eine besonders gute
Dämmung, Luftdichtigkeit und Bauausführung, eine kontrollierte Be- und Entlüftung mit
Wärmerückgewinnungssystem sowie die effektive passive Nutzung der Sonnenenergie
erzeugt und nur ein Heizsystem für die Deckung der Restenergie benötigt. Die für ein
Passivhaus geltenden Grenzwerte sind im Wesentlichen vom Passivhausinstitut Darmstadt entwickelt und systematisiert worden: Passivhäuser dürfen danach einen Heizener-
giebedarf (auch Heizenergiekennwert) von 15 kWh und einen Primärenergiebedarf von
120 kWh pro Quadratmeter Wohnfläche im Jahr sowie einen Luftdichtheitswert von 0,6 je
Stunde (bezogen auf das Gebäudeluftvolumen) nicht überschreiten. Diese Werte basieren
auf der Berechnung nach PHPP, während nicht als Passivhäuser konzipierte Gebäude in
Deutschland nach den Vorgaben der Energieeinsparverordnung (EnEV) angesetzt werden.
In Österreich wird teils nach OIB, das heißt den Vorgaben des Österreichischen Instituts für

OBEN ALLE_Dieses Passivhaus
besitzt unter seiner Aluminium-
Fassade nicht nur eine sehr energiesparende Hülle, sondern erzeugt
mit seinen auf dem südlichen Dach
montierten Solarkollektoren auch

Wärme für Heizung und Warmwasser. Seine großen Glasflächen – im
Bild das über Eck geführte Fenster
nach Südwesten – holen viel Wärme
ins Gebäude (Planung: transformar-
chitekten/Andreas M. Herschel).

Bautechnik gerechnet, in der Schweiz gibt es für besonders energieeffiziente Gebäude das Minergie-P-Label. Es ist zu unterscheiden zwischen Gebäuden, die nach PHPP oder etwa Minergie-P gerechnet oder von diesen Instituten zertifiziert wurden. Letzteres kann für die Erlangung von Fördermitteln notwendig sein. Noch weniger Heizkosten als Passivhäuser, die zumeist bei einem Heizwärmebedarf von 14–15 kWh/m² und bei jährlichen Heizkosten von unter 500 Euro liegen, haben in der Theorie so genannte Nullheizenergiehäuser, deren Verwirklichung in der Praxis aber um so viel teurer wäre, dass die Mehrkosten im Verhältnis zum Passivhaus in keiner Relation zum erzielten Nutzen stünden. Dagegen sind Null- und auch Plusenergiehäuser, von denen sich einige auch in diesem Buch finden, durchaus schon Realität: Plusenergiehäuser erzeugen zusammengerechnet mehr Energie (inklusive Strom) als sie verbrauchen. Voraussetzung dafür ist in der Regel die Installation einer leistungsstarken Fotovoltaikanlage, für deren erzeugten Strom zumeist Einspeisevergütungen gezahlt werden.

Das Energiesparhaus als komplexes System

Im Gesamtprozess kommt neben den Architekten auch den für das Heizungs- und Energiesystem zuständigen Fachplanern – häufig spezialisierte Ingenieurbüros – eine immer wichtigere Rolle zu, denn nur das optimale Zusammenwirken aller Einzelkomponenten stellt ein Funktionieren des Energiesparkonzepts sicher. Entscheidend sind der Aufbau der Gebäudehülle inklusive der Dämmstärken, der eingesetzten Materialien und deren Abstimmung, die Winddichtigkeit und Luftdichtheit, das Verhältnis der Hüllflächen zum Raumvolumen, die Größe und Ausrichtung der Fassadenöffnungen, die Grundrissorganisation, die Wahl der richtigen Verglasungen und Rahmen, die konsequente Vermeidung von Wärmebrücken, die optimale Ausnutzung der Sonnenstrahlen (passive Wärmegewinne), das Vorhandensein ausreichender Speichermasse (z.B. Wände, Böden), zumeist eine effizient arbeitende, kontrollierte Wohnhauslüftung mit hohem Wärmerückgewinnungsgrad und oft auch Wärmetauscher sowie eine energie- und kosteneffiziente Planung der Restheizung.

Nachhaltigkeit in letzter Konsequenz

Natürlich sind energiesparende Häuser per se umweltfreundlich, da sie auf längere Sicht nur einen Bruchteil der Energie von Altbauten, aber auch von nach gesetzlichem Standard errichteten Niedrigenergiehäusern verbrauchen. Die Krönung stellen aber Wohngebäude dar, die bei der Materialwahl und der Bauplanung stark auf ökologische und wohngesundheitliche Belange achten. Der Einsatz von Massivholz für die Konstruktion beziehungsweise die Wände oder als Bodenbelag, von eingeblasenen Holzfasern, boratfreien Zelluloseflocken, Hanf oder Flachs als Dämmstoff, von diffusionsoffenen Mineral- oder Lehmputzen und schadstoffarmen Produkten im Innenausbau dient nicht nur dem optimalen Wärmeschutz und dem Raumklima, sondern verbessert auch die CO_2-, Energie- und Umweltbilanz insgesamt. Beispielsweise fordert das Schweizerische Minergie-P-Eco-Label eine solche, ökologisch und wohngesundheitlich konsequente Bauweise.

Finanzielle Anreize zum energiesparenden Bauen

Inzwischen sind von Seiten der öffentlichen Hand (Bund, Bundesländer/Kantone, Regionen, Kommunen), Energieversorgern und anderen Stellen eine ganze Reihe von Förderinstrumenten vorhanden, die die Realisierung von Energiesparhäusern teils deutlich verbilligen. Für einige Maßnahmen werden beispielsweise von der KfW Zinssätze von unter 3% gewährt. Förderfähig sind in der Regel der Bau von energetisch besonders effizienten Häusern (z. B. KfW-Energieeffizienzhaus 60/75, Passivhaus), der Einbau von Heizungssystemen auf Basis regenerativer Energien (Solar, Pellets usw.), Maßnahmen zur Verbesserung der Dämmung und teils auch die Verwendung von Produkten aus nachwachsenden Rohstoffen. Aufgrund sich häufig verändernder Programme und Förderhöhen ist stets direkt Kontakt mit den zuständigen Stellen aufzunehmen, teils über die Hausbank (so bei KfW-Darlehen). Nützliche Adressen dazu finden sich im Anhang dieses Buchs. Einen Sonderfall stellt die Förderung der Solarstromproduktion dar, die in der Regel über Verträge mit garantierten Einspeisevergütungen und vergünstigte Darlehen erfolgt.

OBEN_Außenwände von Passivhäusern können aus einem Holztragwerk mit Dämmung oder aus massivem Holz, aber inzwischen auch aus monolithischem Ziegelmauerwerk errichtet werden. So bietet etwa POROTON dafür einen Perlit-gefüllten Mauerziegel mit einer Wärmeleitzahl von 0,07 W/mK an, der Außenwände mit einem Wärmedämmwert von 0,15 W/m²K ermöglichen soll.

1

Wohnen auf der Obstwiese

Ein ökologisches Passivhaus bei Dresden

PLANUNG_ADOBE
ARCHITEKTEN + INGENIEURE,
Erfurt
PROJEKTLEITUNG_Gunter
Hanke

Stadtmenschen, die es zum Wohnen in ländliche Regionen zieht, gibt es nach wie vor in Fülle. Nicht immer jedoch entsteht dabei ein solch gelungenes und doch wohltuend bescheidenes Haus wie in diesem Fall. Das berufliche Bezugsfeld Dresden in erreichbarer Nähe, bot sich das idyllische Wiesengrundstück mit alten Obstbäumen für die Familie mit zwei Kindern als Standort des perfekten alltäglichen Entspannungs- und Erholungsorts an.

Energieoptimiert und konsequent ökologisch

Das naturnahe Gartenumfeld mit den Apfelbäumen wurde beim Bau des Hauses nicht etwa abgeräumt, sondern sorgfältig gesichert und so als Wertigkeit für Groß und Klein, insbesondere aber als Kletter- und Erlebnisraum für die Kinder erhalten – nicht zuletzt eingedenk der Tatsache, dass ein junger Apfelbaum mindestens 20 Jahre benötigt, um die Größe der vorhandenen Exemplare zu erreichen. Aber das Thema Ökologie beschränkte sich hier keineswegs auf den rücksichtsvollen Umgang mit dem Pflanzenbestand, sondern war die Prämisse für die gesamte Planung. Das neue, zwischen die Bäume einzupassende Heim sollte nicht nur ein Passivhaus mit geringst möglichem Energiebedarf werden, sondern sich auch durch die Verwendung nachhaltiger, wohngesunder und so weit als möglich regional erzeugter Materialien auszeichnen. Mit der Entscheidung für Holzrahmenkonstruktion und Holzfassaden, eine ökologische Dämmung aus eingeblasenen Zelluloseflocken, Lärchenholzfenster und das ebenfalls unversiegelte Massivholzparkett als Bodenbelag setzte man die selbst gesteckten Zielsetzungen konsequent in die Tat um.

Die hochmoderne Scheune

Die Planer von ADOBE verstanden es, die Bautypologie der traditionellen Scheunenbauten aufzunehmen und trugen dadurch auch der Forderung der Denkmalbehörde Rechnung,

LINKS_Fassadendetail.

OBEN_Die Ansicht des Hauses von Südwesten zeigt, dass die Sonnenseite ganz darauf ausgerichtet ist, über große Glasflächen und in die Fassade integrierte Kollektoren Sonnenwärme hereinzuholen.

RECHTE SEITE_Beim Blick von Nordwesten wird deutlich, dass das Gebäude bestmöglich in den historischen Obstbaumbestand eingefügt worden ist.

2 Wohnen und Arbeiten im Öko-Haus

Ein Passiv-Wohnhaus mit Praxis in Franken

PLANUNG_passivhaus
eco-® bucher
+ hüttinger Architektur,
Herzogenaurach (Franken)
PROJEKTLEITUNG_Herbert
Bucher + Petra Hüttinger

Mit seinen kupferfarbenen Fassadenplatten aus Holzwerkstoffen strahlt das Passivhaus schon von Weitem die Wärme aus, die es seinen Bewohnern schenkt. Mit ziegelgedecktem Satteldach und zwei Vollgeschossen plus Dachgeschoss fügt es sich formal in die Vorgaben des Bebauungsplans, bietet aber im Detail viele qualitativ hochwertige Lösungen. Mit hohem Vorfertigungsgrad in Holzrahmenbauweise erstellt, konnten kurze Bauzeiten verwirklicht und Kosten gespart werden. Im Erdgeschoss entstand zusätzlich ein Praxisraum mit eigenem Zugang, der nach Norden und Osten orientiert ist.

Nachhaltig bauen in konsequenter Form

Die mit boratfreien Zelluloseflocken und Holzwerkstoffplatten nicht nur hoch gedämmte, sondern auch ökologische Holzkonstruktion sitzt mit der Bodenplatte auf einem Bett aus Schaumglasschotter, der einen sehr effizienten Wärme- und Feuchteschutz zum Erdreich garantiert. Das gesamte Planungskonzept stellte darauf ab, einen möglichst großen Anteil an Produkten aus nachwachsenden Rohstoffen beziehungsweise biologisch abbaubaren und wieder verwendbaren sowie hoch dampfdiffusionsoffenen Materialien einzusetzen. Hierzu zählen auch die im Innenausbau verwendeten Boden- und Treppenbeläge aus massiver, nur geölter Eiche, die Ausführung von Nebengebäude, Balkonen und Terrassen in unbehandelter Lärche und die wohngesunden Wand-Silikatfarben. Auch an eine 5100 Liter fassende Regenwasserzisterne ist gedacht worden, die das hier allgegenwärtige Thema Ökologie abrundet.

Energiekonzept mit hoher Effizienz

Besonderes Augenmerk galt der luftdichten Ausführung der Gebäudehülle und damit der Minimierung von Wärmeverlusten. Dazu sind verschiedene Detailpläne erstellt und

LINKS UND RECHTE SEITE_ Hinter den kupferfarbenen Fassadenplatten verbirgt sich eine höchst nachhaltige Holzkonstruktion mit gedämmten Trägern und einer ökologischen Zellulosedämmung.

Wärmegewinne werden vor allem über die großzügig verglaste Gartenseite realisiert.

den Betrieben an die Hand gegeben worden. Positiv auf den Energieverbrauch wirkte sich ebenso die kompakte Gestaltung des Baukörpers ohne Vor- und Rücksprünge sowie das vorteilhafte Verhältnis von Außenwandflächen zum Raumvolumen aus. Die Belüftungs-anlage mit Gegenstromwärmetauscher besitzt einen hohen Wirkungsgrad (Wärmerück-gewinnung 92 %), als Wärmequellen für die kältesten Tage und für die Warmwasser-bereitung dienen ein Pellet-Primärofen mit integriertem Wasser-Wärmetauscher und über 10 Quadratmeter Solarkollektoren. Die Auswahl der Haustechnik erfolgte auch nach dem Gesichtspunkt eines geringen Stromverbrauchs.

ALLE_ Bei aller Energieeffizienz (im Bild rechts oben der Pellet-Primär-ofen) erfüllt auch die Innenar-chitektur mit gezielt geplantem Luftraum, Durch- und Ausblicken höchste Ansprüche.

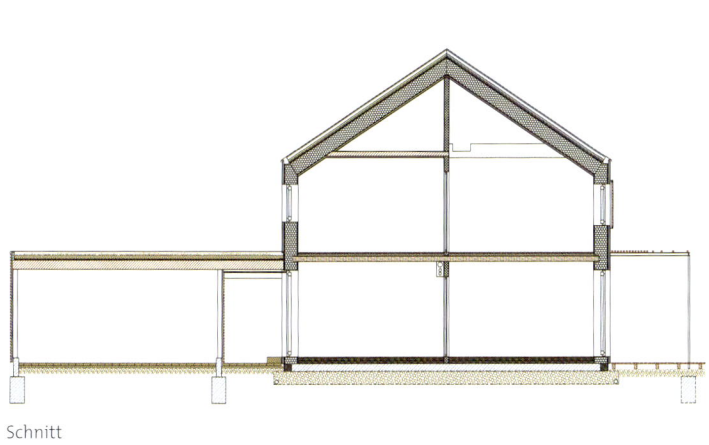

Schnitt

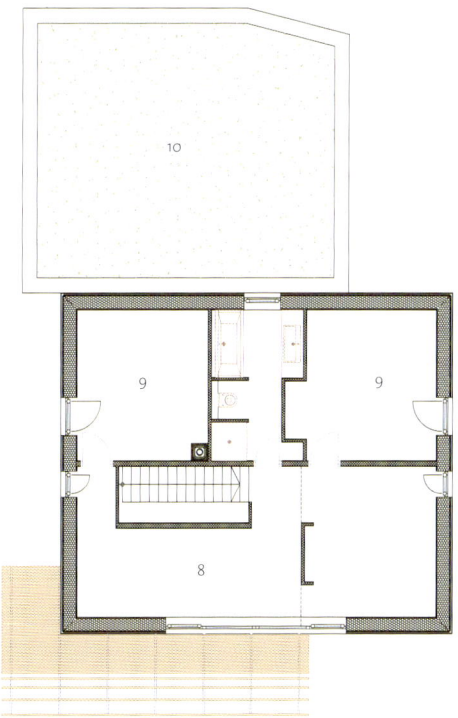

Obergeschoss

BAUDATEN

STANDORT_ Landkreis Forchheim/Oberfranken

BAUZEITRAUM_ 2008 (5 Monate)

WOHNFLÄCHE GESAMT_ 138 m² zuzüglich 22 m² Nutzfläche
Praxis, Nebengebäude ca. 46 m², 36 m² Terrasse

ENERGIEBEZUGSFLÄCHE (NACH PHPP)_ 155 m²

THERMISCHE HÜLLE_ 463 m²

BRUTTORAUMINHALT (BRI)_ 744 m³ (713 m³ beheizter Bereich)

GRUNDSTÜCKSGRÖSSE_ 460 m²

BAUWEISE/DÄMMUNG GEBÄUDEHÜLLE_ Holzrahmenbauweise
mit Dämmständern bei hohem Vorfertigungsgrad,
Dämmung von Dach und Wänden mit boratfreier
Zellulose und Holzfaserdämmplatten, Dämmung mit
Glasschaumschotter unter der Bodenplatte

VERGLASUNGEN_ Dreischeibige Passivhausverglasungen
(U_g-Wert: 0,6 W/(m²K))

ENERGIEKONZEPT_ Optimale passive Solarenergienutzung
bei optimaler Gebäudeausrichtung, kontrollierte Be- und
Entlüftung mit Wärmerückgewinnung (92 %), Pellet-Primärofen mit Wasser-Wärmetauscher und 1000-l-Pufferspeicher,
10,4 m² Solarkollektoren (Flachkollektoren) zur Heizungsunterstützung und Warmwasserbereitung, hoch gedämmte
Gebäudehülle, wärmebrückenfreie Planung, sehr gute
Luftdichtheitswerte, hoch effiziente Dämmung

ENERGIESTANDARD_ Zertifiziertes Passivhaus (nach PHPP)

HEIZENERGIEBEDARF/JAHR (BERECHNET NACH PHPP)_ 14 kWh/m²

PRIMÄRENERGIEBEDARF/JAHR (FÜR HEIZUNG,
WARMWASSER, HILFS- UND HAUSHALTSSTROM;
BERECHNET NACH PHPP)_ 61 kWh/m²

LUFTDICHTHEIT N50_ 0,2/h

BAUKOSTEN (GESAMT BRUTTO, INKL. ALLER HONORARE, STEUERN
UND NEBENKOSTEN)_ 277.000 Euro

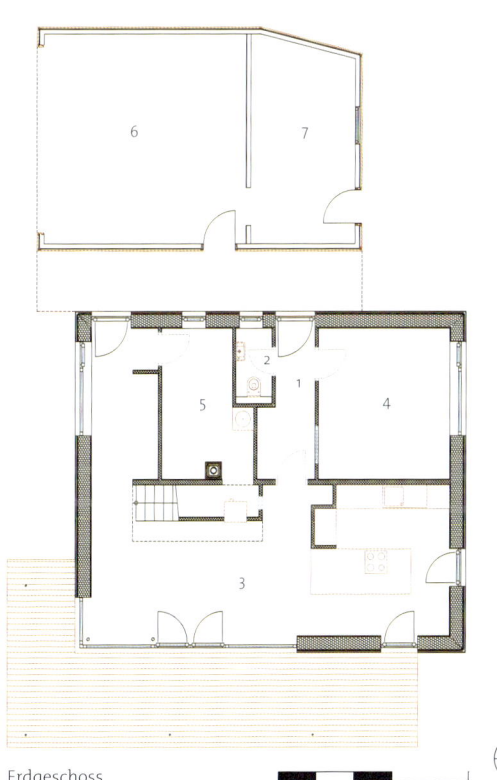

Erdgeschoss

1 Eingang
2 WC
3 Essen/Kochen
4 Praxis
5 Technik
6 Garage
7 Abstellraum
8 Wohnen
9 Zimmer
10 Extensive
   Dachbegrünung

3

Geschickte Lösung mit Sinn für nachwachsende Rohstoffe

Ein vielgestaltiges Passivhaus bei Erlangen

PLANUNG_passivhaus eco-® bucher + hüttinger Architektur, Herzogenaurach (Franken)
PROJEKTLEITUNG_ Herbert Bucher + Petra Hüttinger

Was bei konventionellen Häusern nicht immer einfach ist, macht auch vor Passivhäusern nicht halt: Bei dem sowohl energetisch und ökologisch als auch architektonisch sehr ambitionierten Wohnhausprojekt nahe der mittelfränkischen Universitätsstadt Erlangen mussten die im Bebauungsplan gemachten Vorgaben eines geneigten Dachs und verputzter Außenwände beachtet werden. Erstere Forderung ist durch das Aufsetzen zweier gegeneinander versetzter Pultdächer sehr einfallsreich gelöst worden, sodass die Kubatur des Gebäudes gegenüber der ursprünglich angestrebten Flachdach-Lösung insgesamt vielleicht sogar noch gewonnen hat.

Geschlossenheit und Offenheit als energetisches Prinzip

Die mit diffusionsoffener Silikatfarbe weiß gestrichenen Putzfassaden im Norden, Osten und Westen sind mit wenigen, gezielt eingeschnittenen Öffnungen akzentuiert. Nach Süden zeigt das Haus ein ganz anderes Gesicht, denn hier dominieren große Glasflächen und farbig abgesetzte Außenwandflächen. Der sich im Obergeschoss über die gesamte Südfassade erstreckende Balkon dient nicht nur als erweiterter Aufenthaltsraum für die beiden Kinderzimmer, sondern auch als wirkungsvoller sommerlicher Sonnenschutz für das darunter liegende Wohngeschoss. Zur kalten Jahreszeit dürfen die großen Glasflächen dann solare Wärmegewinne »einsammeln«.

Kostengünstiges Passivhaus-Energiekonzept mit Sinn

Im Gegensatz zu manchem Passivhaus mit großen und nicht selten sehr teuren Wärmepumpen entschied man sich bei diesem im Heizenergieverbrauch deutlich unter dem geforderten Passivhausniveau bleibendem Wohnhaus für ein klein dimensioniertes und vergleichsweise preisgünstiges Energiesystem: Ein Passivhaus-Kompaktgerät stellt die von

LINKS_ Ansicht von Nordwesten mit dem holzverschalten Nebengebäude.

RECHTE SEITE_ Die Südseite öffnet sich ganz der Sonne, deren Wärme- und Stromausbeute ja einen wichtigen Teil des Energiekonzepts darstellt. Balkon und Vordach verhindern eine sommerliche Überhitzung.

der Lüftungsanlage rückgewonnene und durch einen 50 Meter langen Erdwärmetauscher zusätzlich erwärmte Luft zur Verfügung, die dann von der Kleinstwärmepumpe genutzt werden kann. Sie produziert so die gesamte benötigte Heizenergie und Warmwasserbereitung. Als nächster, im Rahmen des Energiekonzepts sinnvoller Schritt wird der Anschluss einer – auf dem südlichen Pultdach bereits vorinstallierten – Fotovoltaikanlage zur Stromproduktion folgen.

LINKS OBEN UND OBEN_ Der Ess- und Kochbereich bekommt vor allem von Süden, aber auch von Westen reichlich Sonnenlicht geliefert.

LINKS UNTEN_ Blick durch das Badezimmer.

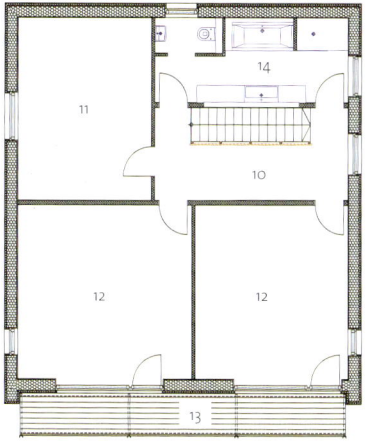

Obergeschoss

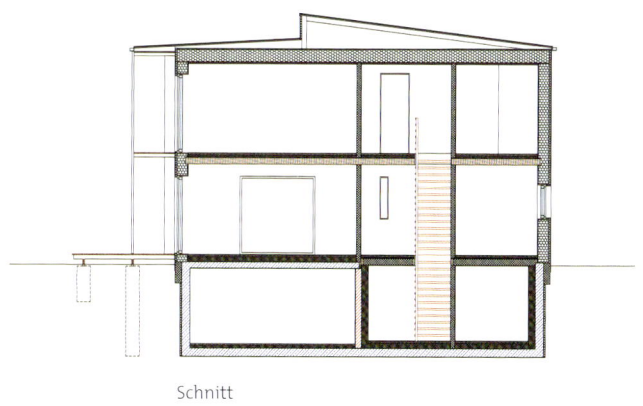

Schnitt

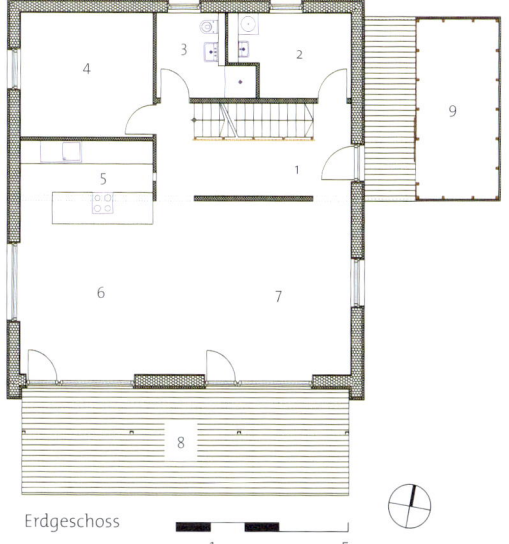

1 Eingang
2 Hauswirtschaft
3 Bad
4 Arbeiten
5 Kochen
6 Essen
7 Wohnen
8 Terrasse
9 Nebengebäude
10 Flur
11 Schlafen
12 Kind
13 Balkon
14 Bad

Erdgeschoss

1   5

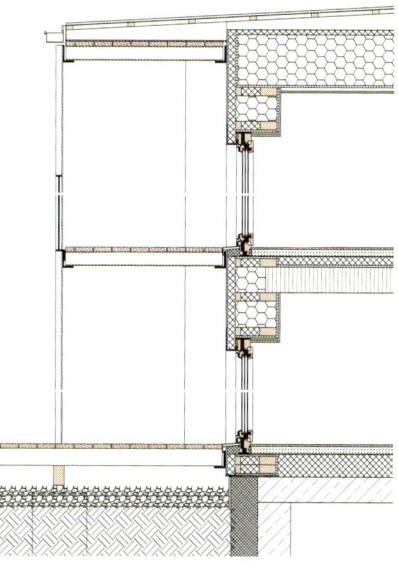

Schnitt Dach / Fassade

BAUDATEN

STANDORT_ Bei Erlangen

BAUZEITRAUM_ 2006 – 2007 (7 Monate)

WOHNFLÄCHE GESAMT_ 187 m² zuzüglich 93 m² Nutzfläche im Untergeschoss, 42 m² Terrassen und Balkone

ENERGIEBEZUGSFLÄCHE (NACH PHPP)_ 203 m²

THERMISCHE HÜLLE_ 553 m²

BRUTTORAUMINHALT (BRI)_ 1004 m³ (794 m³ beheizter Bereich, 142 m³ unbeheizter Bereich)

GRUNDSTÜCKSGRÖSSE_ 531 m²

BAUWEISE/DÄMMUNG GEBÄUDEHÜLLE_ Holzrahmenbauweise mit Dämmständern bei hohem Vorfertigungsgrad, Dämmung von Wänden und Dach mit boratfreier Zellulose und Holzfaserdämmplatten

VERGLASUNGEN_ Dreischeibige Passivhausverglasungen (Ug-Wert: 0,6 W/(m²K))

ENERGIEKONZEPT_ Optimale passive Solarenergienutzung bei optimaler Gebäudeausrichtung, Passivhaus-Kompaktgerät

für Heizung, Lüftung und Warmwasser mit integrierter Wärmepumpe und kontrollierter Be- und Entlüftung mit Wärmerückgewinnung (78 %), Außenluftansaugung über Erdreichwärmeüberträger mit 50 m Länge, hoch gedämmte Gebäudehülle, wärmebrückenfreie Planung, sehr gute Luftdichtheitswerte, hoch effiziente Dämmung

ENERGIESTANDARD_ Passivhaus (nach PHPP)

HEIZENERGIEBEDARF/JAHR (BERECHNET NACH PHPP)_ 14 kWh/m²

PRIMÄRENERGIEBEDARF/JAHR (FÜR HEIZUNG, WARMWASSER, HILFS- UND HAUSHALTSSTROM; BERECHNET NACH PHPP)_ 91 kWh/m²

LUFTDICHTHEIT N50_ 0,34/h

BAUKOSTEN (GESAMT BRUTTO, INKL. ALLER HONORARE, STEUERN UND NEBENKOSTEN)_ 291.000 Euro

4 Wohnkunst auf Höhe der Zeit

Eine Passivhaus-Villa im Allgäu

PLANUNG_ e3 architekten, Marktoberdorf/ Bad Wörishofen

Gebäude mit großem Volumen brauchen heute keine Energiefresser mehr zu sein, wie das hier vorgestellte Einfamilienhaus im Ostallgäu überzeugend beweist. Die hohe Energie-effizienz ist hier zudem mit einer grandiosen Außen- und Innenwirkung gepaart. Das Haus verfügt über fast 330 Quadratmeter Wohn- und Nutzfläche zuzüglich 63 Quadratmeter Terrassen. Klare Linien, flache Dächer und schlicht geschnittene Fassaden sowie als Kuben angefügte Terrassenbereiche ergänzen sich zu einer architektonischen Einheit ohne über-flüssige Repräsentations-Elemente.

Höchstes Wohn- und Wohlfühl-Niveau im großen Passivhaus

Auf einem großen Grundstück mit weitem Ausblick nach Süden und Westen bestanden für die Planung des Hauses beste Lagevoraussetzungen. Die Entfernung zu den Nach-barparzellen und dem dort vorhandenen alten Baumbestand ermöglichte es, insbeson-dere die Südfassade als effizienten Baustein des Energiekonzepts einzusetzen, in dem die großen Glasflächen über die einfallenden Sonnenstrahlen beträchtliche kostenlose Energiegewinne liefern. Passivhaus-zertifizierte Dreifachverglasungen, der weitgehende Verzicht auf Fassadenöffnungen auf der kalten Nordseite, eine hoch wirksame Dämmung – unter anderem mittels unter die Bodenplatte eingebrachtem Schaumglasschotter und dem Einsatz von Vakuumdämmung im Bereich der Dachterrasse –, eine wärmebrücken-freie Planung und Ausführung sowie eine sehr gute Luftdichtheit sorgen im Zusammen-spiel dafür, dass die Wärmeverluste auf minimalem Niveau gehalten werden konnten. Der Heizenergiebedarf liegt mit 12 kWh/m^2 im Jahr sogar deutlich unter dem vom Passivhaus-Institut Darmstadt geforderten Wert von 15 kWh/m^2. Eine Sole-Wärmepumpe und eine automatische Be- und Entlüftung mit hoher Wärmerückgewinnung sind weitere Kompo-nenten des Passivhauskonzepts. Die Wärmeverteilung übernimmt eine Fußbodenheizung,

LINKS_ Die Ansicht von Nordwes-ten macht deutlich, dass sich die nördliche Fassade zur Vermeidung von Wärmeverlusten auf die not-wendigsten Öffnungen beschränkt. Vorn der Zugang zum Einlieger-bereich.

OBEN_ Blick auf das Haus von Nord-osten mit dem gedeckten Eingangs-bereich sowie dem fassadenbündi-gen Garagentor und Nebeneingang (links). Das auskragende Oberge-schoss befindet sich innerhalb der Passivhaus-Hülle.

RECHTE SEITE_ Ansicht von Südwes-ten mit weitläufigem Garten, von dem aus man über eine betonierte Treppe zur Terrasse und zum Wohn-geschoss gelangt. Die großformati-gen Fenster optimieren die solaren Wärmegewinne.

im Obergeschoss besorgen dies in die Treppenbrüstung integrierte Wandheizelemente, die ein angenehmes Raumklima erzeugen.

Über die Nordost-Ecke betritt der Besucher den Eingangsbereich, der gleichzeitig als Klimapuffer wirkt, dahinter beginnt die eigentliche Passivhaus-Hülle. Vom Erdgeschoss geht es entweder nach oben zum Schlaf- und Kindergeschoss mit westseitiger Dachterrasse oder geradewegs weiter in den höchst eindrucksvollen Wohn-, Ess- und Kochbereich, dem eigentlichen Kernstück des Hauses. Küche und Essplatz sind direkt der Südfassade zugeordnet, die intimere, erhöhte Sitz- und Spielecke wurde bewusst etwas nach Norden zurückversetzt. So lässt sich von dort in angenehm zurückgezogener Atmosphäre der Ausblick genießen und bei bester Belichtung am täglichen Leben teilhaben, gleichzeitig wird die Gesamtfläche wohltuend strukturiert. Das Raumkontinuum des Erdgeschosses setzt sich über die Kochzone hinaus auf die ebenerdig erreichbare Terrasse fort, die ihrerseits durch eine Treppe mit dem weitläufigen Garten verbunden ist. Ein unter das Dach des Obergeschosses eingezogener Sitzplatz bietet Schutz vor Regen und auch vor übermäßiger Sonneneinstrahlung. Ansonsten sorgen außen liegende Aluminium-Jalousetten auch bei intensiver Sommersonne für kühle Temperaturen im ganzen Haus.

OBEN_ Blick vom erhöhten Wohnbereich über den Essplatz in den
Garten.

LINKE SEITE_ Blick von der Terrasse
entlang der Südfassade. Rechts
die geschützte Loggia, die den
Wohn- und Kochbereich ebenerdig
erweitert.

RECHTS_ Der Küchenblock bietet allzeit wunderbare Ausblicke. Rechts
der Durchgang zur Loggia und zur
Terrasse.

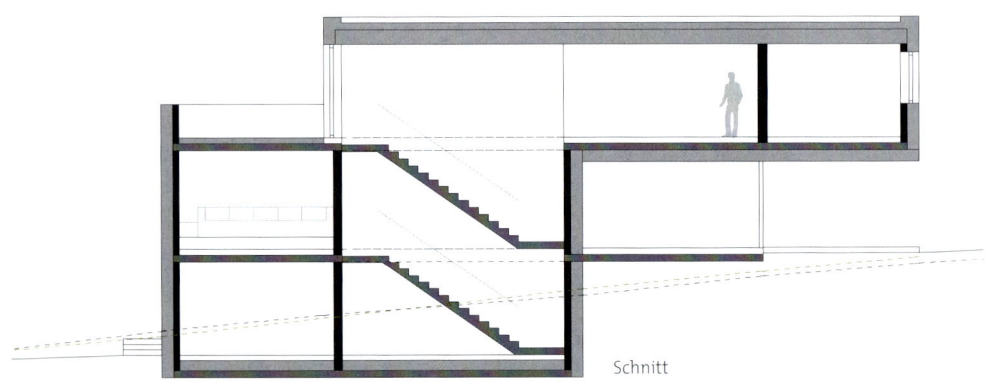

Schnitt

OBEN_Die zum Obergeschoss führende, gegen den Flur und den Wohnraum hin verglaste Sichtbetontreppe wird durch außenwandbündige, luftdicht eingebaute Leuchten illuminiert.

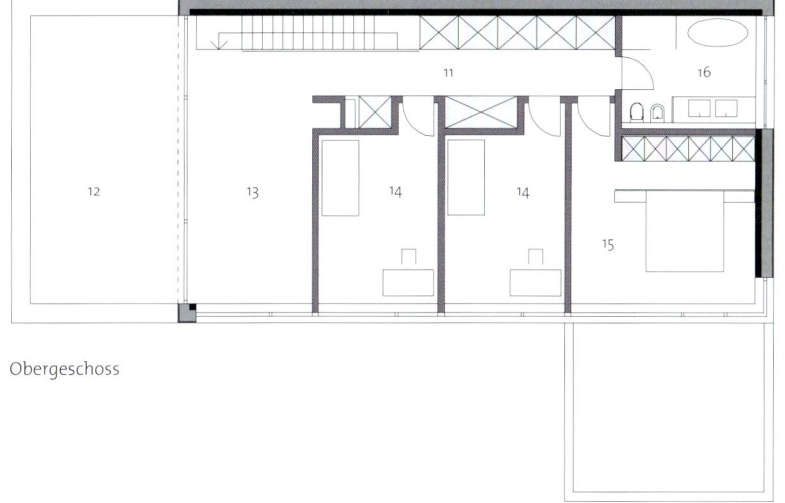

11 Flur
12 Dachterrasse
13 Arbeiten
14 Kind
15 Eltern
16 Bad

Obergeschoss

1 Eingang
2 Abstellkammer
3 WC
4 Wohnen
5 Essen
6 Kochen
7 Lager
8 Terrasse
9 Gartenraum
10 Garage

Erdgeschoss

BAUDATEN

STANDORT_ Ostallgäu/Bayerisch-Schwaben

BAUZEITRAUM_ 2007–2008

WOHN- UND NUTZFLÄCHE GESAMT_ 330 m² zuzüglich 63 m²
Terrassen

BRUTTORAUMINHALT (BRI)_ 1364 m³ (1140 m³ beheizter
Bereich, 224 m³ unbeheizter Bereich (Windfang, Lager,
Garage))

BAUWEISE/DÄMMUNG GEBÄUDEHÜLLE_ Verputztes
Ziegelmauerwerk massiv mit WDVS, Flachdach Stahlbeton
gedämmt, Bodenplatte gedämmt mit Schaumglasschotter,
teilweise Vakuumdämmung

VERGLASUNGEN_ Dreischeibige Passivhausverglasungen
(U_g-Wert: 0,6 W/(m²K))

ENERGIEKONZEPT_ Passive Solarenergienutzung,
kontrollierte Be- und Entlüftung mit Wärmerückgewinnung
(85%), Sole-Wärmepumpe, hoch gedämmte
Gebäudehülle, wärmebrückenfreie Planung, sehr gute
Luftdichtigkeitswerte

ENERGIESTANDARD_ Passivhaus

HEIZENERGIEBEDARF/JAHR (BERECHNET NACH PHPP)_ 12 kWh/m²

PRIMÄRENERGIEBEDARF/JAHR (FÜR HEIZUNG, WARMWASSER,
HILFS- UND HAUSHALTSSTROM; BERECHNET NACH
PHPP)_ 38,77 kWh/m²

LUFTDICHTHEIT N50_ 0,24/h

BAUKOSTEN_ Keine Angaben

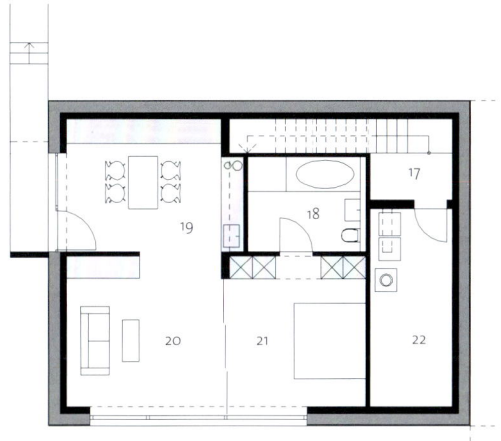

17 Flur
18 Bad
19 Kochen/Essen
20 Wohnen
21 Schlafen
22 Keller

Untergeschoss

5 Energiespar-Idyll auf dem Dorf

Ein Niedrigstenergiehaus im württembergischen Allgäu

PLANUNG_ Michael Felkner,
Oberdorf/
Josef Dengler, Kempten
PROJEKTLEITUNG_ Josef
Dengler
GARTENPLANUNG_ Sylvia
Brack, Leutkirch

Obgleich anfangs von einigen Spaziergängern als »Scheune« oder »Hütte« beargwöhnt, hat sich das Haus der Familie Brack mittlerweile seinen Platz im kleinen Dorf bei Leutkirch und auch in den Herzen der meisten Leute redlich verdient. Denn letztlich übersetzt es die baulichen Traditionen des Allgäus wie die lang gestreckte Einfirst-Kubatur mit traufseitiger Erschließung, die Dachüberstände und die Holzfassade lediglich in eine zeitgemäße Formensprache, ohne die Kennzeichen modernen Bauens zu verleugnen.

Eingebettet in Garten und Landschaft

Nicht nur die Architektur, sondern auch die von der Garten- und Landschaftsarchitektin Sylvia Brack geplanten Außenanlagen stehen in bester Tradition bäuerlicher Gartenkultur. Kleine, einfache Kieswege ziehen sich organisch geformt zwischen den bepflanzten, mittels einfacher Holzbohlen eingefassten Beeten mit Karotten, Salat, Dill und Ringelblumen hindurch und führen hinauf bis zum elterlichen Wohnteil. Sylvia Brack bewohnt mit ihrer Familie das untere, von Süden zugängliche Geschoss, während die separat von Norden her erschlossene Ebene darüber der älteren Generation vorbehalten ist. Somit sind beide Einheiten jeweils auf einer Ebene konzentriert und barrierefrei – im Obergeschoss sogar behindertengerecht – angelegt, was im täglichen Leben von unschätzbarem praktischem Wert ist. Beiden Wohnungen sind Autoabstellflächen zugeordnet, deren Kiesbelag nicht nur wohltuend unauffällig und natürlich wirkt, sondern auch jede unnötige Flächenversiegelung vermeidet und das Niederschlagswasser versickern lässt. Die obere Wohnung besitzt zusätzlich eine Garage mit Abstellraum, darunter befindet sich an dieser Stelle ein großer Lagerraum. Diese den modernen Einfirsthof nordöstlich abschließenden Bereiche dienen gleichzeitig als Wärmepuffer auf der kalten Seite des Hauses.

OBEN_ Nördliche, barrierefreie Zugangssituation mit weitem Ausblick in den Garten und in die Landschaft.

GANZ OBEN_ Auf der Eingangsseite der oberen Wohnung wird die lang gestreckte Baugestalt des Zweifamilienhauses besonders deutlich.

RECHTE SEITE OBEN_ Ansicht der Südostseite mit dem Eingang der unteren Wohnung. Rechts die aufgeständerte, im optimalen Winkel zur Sonne montierte Kollektoranlage.

RECHTE SEITE UNTEN_ Ansicht der Giebelfassade mit den Panoramafenstern, die im Winter Sonnenwärme sammeln, denen im Sommer aber die Dachüberstände und die Schiebeläden Schatten spenden.

Bodenständig und doch ganz von heute: Ein Energiekonzept mit Weitsicht

Obgleich schon vor einigen Jahren geplant, bewies das Haus enormen Zukunftssinn und wird mit seinen Verbrauchswerten noch lange Vorbildfunktion besitzen. Ohne das Gebäude auf die geforderten Verbrauchswerte eines Passivhauses hin zu »trimmen«, was schon wegen der großen »Landschaftspanorama-Scheiben« nach Nordwesten schwierig war, ergab sich letztlich mit einer Heizenergiekennzahl von 15,5 kWh/m²a doch ein hervorragender Niedrigstenergiestandard sehr nahe am Passivhaus (15 kWh/m²a). Auf jeden Fall

LINKE SEITE OBEN_ Die Durchgängigkeit innerhalb der Wohneinheiten – hier zwischen Essen und Wohnen – wie auch der Blickkontakt zur Landschaft sind wichtige Konstanten der Architektur.

LINKE SEITE MITTE_ Blick vom Flur zum Wohn- und Essbereich. Das skulpturale Einbaumöbel links besitzt zur Küche hin eine hinterleuchtete Glaswand.

LINKE SEITE UNTEN_ Der Wohnbereich hat zur eigentlich kalten Seite wegen der wunderbaren Aussicht ein großes Panoramafenster bekommen.

OBEN_ Blick durch die Esszone mit dem horizontalen Fensterband nach Südosten und der Panoramascheibe. Links die Thekenerweiterung der Küchenzeile, die in Massivholz ausgeführt worden ist.

haben sich in der Praxis die Verbrauchswerte eines Passivhauses ergeben, was ja letztlich für die Bauherren den wichtigsten zählbaren Nutzen darstellt – ein Umstand, der sich nicht zuletzt der sehr gewissenhaften Bauplanung und Bauleitung verdankt. Und, was fast noch wichtiger ist, das tägliche Leben im Haus wird von allen Bewohnern als das ganze Jahr über sehr angenehm empfunden. Man lebt mit der Sonne, die über die großen Glasscheiben im Süden und Westen sowie die Kollektoren auf dem südöstlichen Vorplatz nicht nur Wärme in der kalten Jahreszeit liefert, sondern auch eine großzügige Belichtung der Räume garantiert. Schiebeläden mit schräg gestellten Holzlamellen ermöglichen eine fallweise Verschattung der großen Fensterfronten, die auf drei Seiten vorhandenen Dachüberstände schützen die Räume vor sommerlicher Hitze.

OBEN LINKS_ Blick entlang der Südostseite zum Eingang der unteren Wohnung.

OBEN RECHTS_ Detail der Schiebeläden auf der Giebelseite mit je nach Sonnenstand verstellbaren Lamellen.

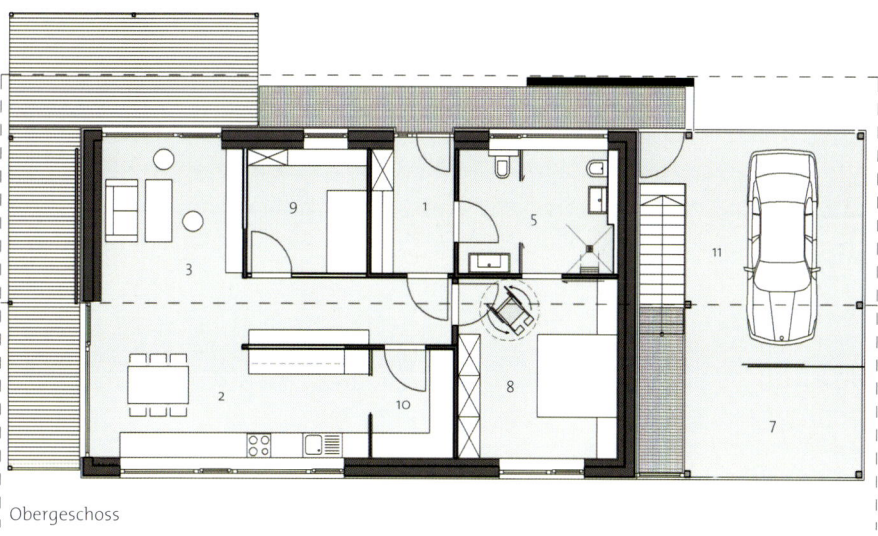

Obergeschoss

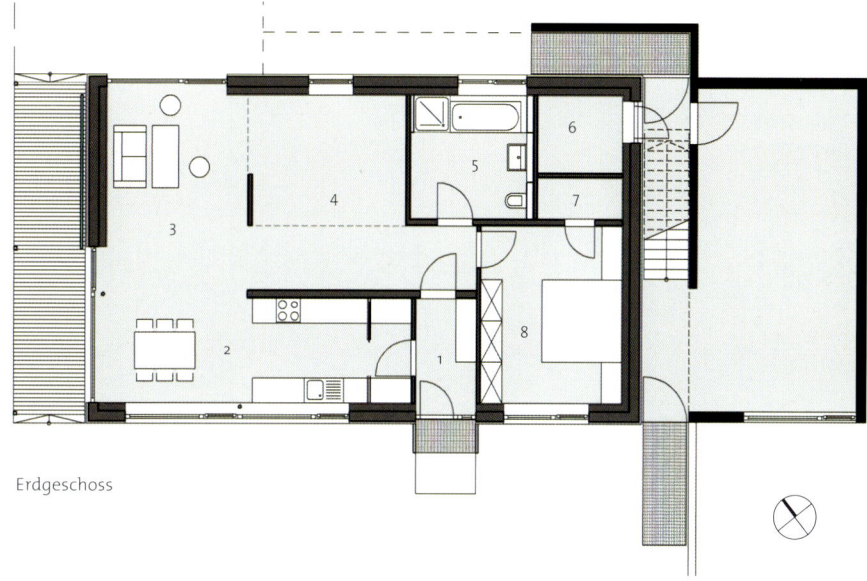

1 Eingang
2 Essen/Kochen
3 Wohnen
4 Wohnen/Arbeiten
5 Bad
6 Technik
7 Abstellen
8 Schlafen
9 Pflege
10 Speis
11 Garage

Erdgeschoss

BAUDATEN

STANDORT_ Bei Leutkirch/Allgäu (Baden-Württemberg)

BAUZEITRAUM_ 2002–2003

WOHNFLÄCHE GESAMT_ 180 m² zuzüglich 78 m² Nutzfläche
(Garage, Abstellräume, Technik), 46 m² Terrassen und Balkone

ENERGIEBEZUGSFLÄCHE (NACH PHPP)_ 184 m²

BRUTTORAUMINHALT (BRI)_ 1150 m³ (825 m³ beheizter Bereich,
325 m³ unbeheizter Bereich)

GRUNDSTÜCKSGRÖSSE_ 1000 m²

BAUWEISE/DÄMMUNG GEBÄUDEHÜLLE_ Holzständerbauweise,
Dämmung von Außenwänden und Dach mit eingeblasener
Zellulose, Kellerersatzraum und Bodenplatte Stahlbeton
gedämmt

VERGLASUNGEN_ Dreischeibige Passivhausverglasungen
(U_g-Wert: 0,6 W/(m²K))

ENERGIEKONZEPT_ Optimale passive Solarenergienutzung,
kontrollierte Be- und Entlüftung mit Wärmerückgewinnung
(85 %) und Erdwärmetauscher (35 m), 12 m² Solarkollektoren

zur Heizungsunterstützung und Warmwasserbereitung,
Anschlüsse für Pelletofen vorbereitet, hoch gedämmte
Gebäudehülle, wärmebrückenfreie Planung, sehr gute
Luftdichtheitswerte, hoch effiziente Dämmung

ENERGIESTANDARD_ Nahe Passivhaus

HEIZENERGIEBEDARF/JAHR (BERECHNET NACH PHPP)_ 15,5 kWh/m²

LUFTDICHTHEIT N50_ 0,28/h

BAUKOSTEN (GESAMT BRUTTO, INKL. ALLER HONORARE, STEUERN
UND NEBENKOSTEN)_ ca. 350.000 Euro (inkl. Garage
und Keller)

6 Öko-Haus mit hoher Energieeffizienz

Ein Passivhaus in Erding (Oberbayern)

PLANUNG_Architektin
Elke Fischer und
Architekt Ralf Grotz, Erding

Die Lage und der Zuschnitt eines Grundstücks spielen gerade für Passivhäuser eine wichtige Rolle. Ihr optimiertes Energiekonzept bezieht in aller Regel die möglichst wirkungsvolle Nutzung der durch die Glasscheiben einfallenden Sonnenstrahlen ein, was wiederum nur bei optimaler Ausrichtung des Gebäudes und ohne Beschattung durch Nachbargebäude oder andere Faktoren funktioniert. Elke Fischer fand für sich und ihre Familie nach mehreren Jahren der Suche eine Parzelle, auf der eine genaue Nord-Süd-Orientierung und optimale Besonnung übers ganze Jahr gewährleistet waren.

Energieeffizienz und Nachhaltigkeit

Zusammen mit dem Erdinger Architekten Ralf Grotz entstand ein in allen Belangen energieoptimiertes Gebäude, das darüber hinaus aber auch weitergehende ökologische Ziele verfolgte: Es wurde, wo immer möglich, auf nachhaltige Produkte aus überwiegend nachwachsenden Rohstoffen zurückgegriffen, die als selbstverständliche Beigabe hohe bauphysikalische Qualitäten mitbrachten. So besteht die Tragkonstruktion aus Konstruktionsvollholz, die gesamte thermische Hülle einschließlich des als Halbtonne ausgebildeten Dachs ist mit eingeblasenen, boratfreien Zelluloseflocken gedämmt und die Fassade mit Massivholz beziehungsweise ökologischen Holzwerkstoff-Platten verschalt. Dampfbremsfolien und OSB-Platten kamen nicht zum Einsatz. Zum Ausgleich für die Bodenversiegelung durch die Baumaßnahme erhielt der eingeschossige Anbau, der den Gartenbereich zur Straße hin abgrenzt, eine extensive Dachbegrünung. Dadurch wird nicht zuletzt die Dämmwirkung gegen Hitze nochmals verbessert.

LINKS_ Ansicht der Eingangsfassade mit dem vorgelagerten Nebengebäude und Carport.

OBEN_ Die Zimmer des Obergeschosses sind durch einen gemeinsamen Balkon verbunden, ein Vordach bewahrt sie vor sommerlicher Überhitzung.

RECHTE SEITE_ Beim Blick von Südwesten ist deutlich zu sehen, dass die Südfassade großzügig verglast ist, während die übrigen Seiten durch ihre Geschlossenheit konsequent Wärmeverluste einschränken.

Zwei Ebenen mit konstruktivem Wärmeschutz

Das Haus ist zur Ausnutzung der Sonnenwärme mit seinen großflächig verglasten Wohnräumen, Kinderzimmern- und Elternschlafraum ganz nach Süden orientiert, auf der weitgehend geschlossenen Nordseite befinden sich folgerichtig nur untergeordnete Räume und Verkehrsflächen. Die südseitigen großen Glasflächen machen das Haus warm, bergen aber grundsätzlich auch die Gefahr der Überhitzung an heißen Sommertagen. Dem ist hier allerdings bauseits dadurch wirksam vorgebeugt, dass der Dachüberstand beziehungsweise für das Erdgeschoss der Balkon die Funktion von Schattenspendern übernehmen. Beide Überstände sind so bemessen, dass in der kälteren Zeit des Jahres die dann flacher einfallenden, hoch willkommenen Sonnenstrahlen bis weit in die Räume gelangen.

Im Innern sind die südseitige und die nordseitige Zone durch eine als Nische ausgebildete, tragende Innenwand separiert. Kochen und Essen werden vom Wohnraum durch eine Wandscheibe getrennt, jedoch durch seitliche Durchgänge verbunden, sodass ein zusammenhängender Raum entsteht. Das wahrnehmbare Raumklima, das durch die Passivhaustechnik mit der automatischen Be- und Entlüftung unterstützt wird, bestätigt das ökologische Bauprinzip auf überzeugende Weise.

UNTEN_Blick durch den Ess- zum Wohnraum. Eine farbig akzentuierte Wandscheibe gliedert die beiden Bereiche.

UNTEN RECHTS_Die Trittstufen der Treppe sind zwischen Innenwand und Außenmauer eingespannt.

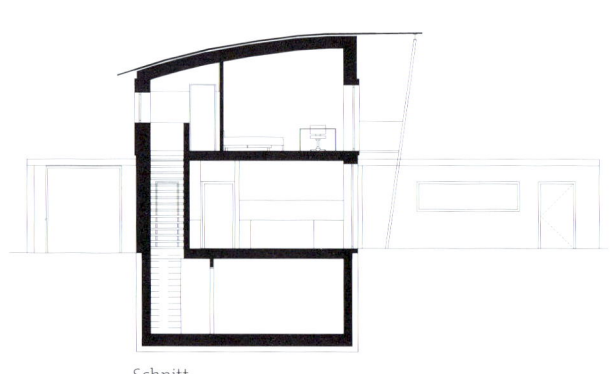

Schnitt

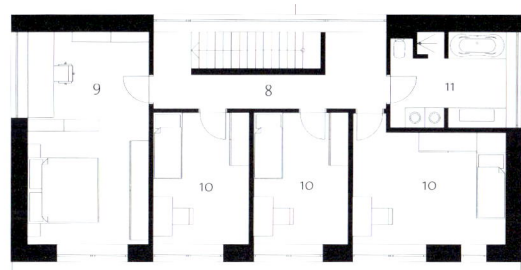

Obergeschoss

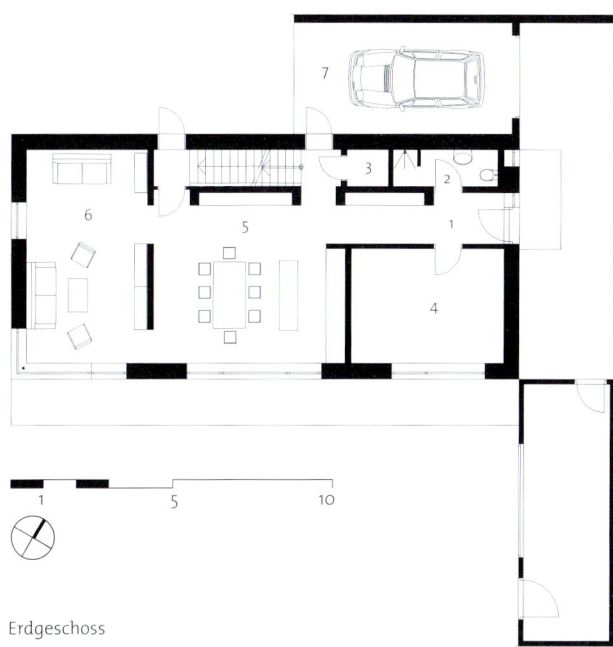

Erdgeschoss

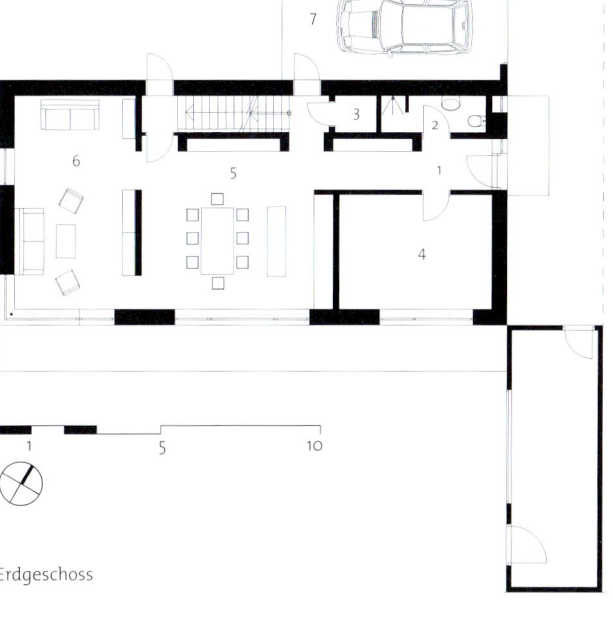

Untergeschoss

BAUDATEN

STANDORT_ Erding/Bayern

BAUZEITRAUM_ 2008 (4 Monate)

WOHNFLÄCHE GESAMT_ 175 m² zuzüglich 45 m² Terrassen

ENERGIEBEZUGSFLÄCHE_ 267 m²

THERMISCHE HÜLLE_ 684 m²

BRUTTORAUMINHALT (BRI)_ 1.124 m³ (826 m³ beheizter Bereich)

GRUNDSTÜCKSGRÖSSE_ 583 m²

BAUWEISE/DÄMMUNG GEBÄUDEHÜLLE_ Holzrahmenbau aus Konstruktionsvollholz mit eingeblasener Zellulosedämmung, Tonnendach mit Zellulosedämmung, extensiv begrünt, Bodenplatte gedämmt, Flachdach des Anbaus mit Zellulose gedämmt und extensiv begrünt

VERGLASUNGEN_ Dreischeibige Passivhausverglasungen/ Holz-Aluminium-Fenster (U$_g$-Wert: 0,52 W/(m²K))

ENERGIEKONZEPT_ Passive Solarenergienutzung bei optimaler Gebäudeausrichtung, kontrollierte Be- und Entlüftung mit Wärmerückgewinnung (85 %), Sole-Wasser-Wärmepumpe mit Vorheizregister (Erdwärmekollektor), hoch gedämmte Gebäudehülle, wärmebrückenfreie Planung, sehr gute Luftdichtheitswerte, hoch effiziente Dämmung

ENERGIESTANDARD_ Passivhaus (nach PHPP)

HEIZENERGIEBEDARF/JAHR (BERECHNET NACH PHPP)_ 15 kWh/m²

PRIMÄRENERGIEBEDARF/JAHR (FÜR HEIZUNG, WARMWASSER, HILFS- UND HAUSHALTSSTROM; BERECHNET NACH PHPP)_ 40 kWh/m²

LUFTDICHTHEIT N50_ 0,30/h

BAUKOSTEN_ Keine Angaben

1 Eingang
2 Bad
3 Speisekammer
4 Büro
5 Kochen/ Essen
6 Wohnen
7 Garage
8 Flur
9 Schlafen/ Arbeiten
10 Kind
11 Bad
12 Vorrat
13 Hobby
14 Technik

7 Das Umfeld als Bezugspunkt

Ein Passivhaus in Niederösterreich

PLANUNG_ Ernst Michael Jordan, St. Valentin (Oberösterreich)

PROJEKTLEITUNG_ Thomas Wimmer

Eine eherne Regel für den Bau von Passivhäusern besagt, dass die Südseite hinsichtlich der passiven Solarenergienutzung möglichst viele und große, die Nordseite und abgestuft die Ost- und Westseite zur Vermeidung von Wärmeverlusten vergleichsweise wenige und kleine Öffnungen besitzen soll. Im Fall des von Ernst Michael Jordan geplanten Einfamilienhauses in Niederösterreich gab jedoch eine auf der West- und Ostseite gegebene attraktive Aussicht in die freie Landschaft den Ausschlag dafür, die Dinge einmal etwas anders zu machen.

Sonnenseite und Pufferbereich

Da die Südseite zur Straße orientiert ist, war es energetisch unabdingbar, dort und vornehmlich im Obergeschoss große Glasflächen vorzusehen und den Baukörper aus der Straßenachse genau nach Süden zu »drehen«. Gleichzeitig gewährleisten zwei im Vorgartenbereich platzierte, in leuchtendem Rot beziehungsweise Goldgelb abgesetzte Baukörper mit Garage und Terrasse die akustische und visuelle Abgrenzung zum unattraktiven öffentlichen Raum, der eigentliche Haupt-Baukörper ist farblich in zurückhaltender Mélange aus weißen Fassadenplatten und natürlich vergrauenden Holz-Oberflächen gehalten.

Verschränkte Baukörper, hohe Energieeffizienz

Die rote Garage ist gleichsam in das Erdgeschoss hineingeschoben worden und bildet in seinem westlichen Abschnitt den Eingangs- und Schleusenbereich zwischen Haus und Auto-Abstellplatz, gleichzeitig entsteht dadurch eine energetische Pufferzone. Das Haus selbst kommt mit seinen Abmessungen der kompakten Form eines Würfels besonders nahe, die wegen des hier sehr guten Verhältnisses der Außenflächen zum gebauten Vo-

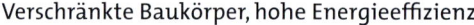

LINKS_ Blick entlang der Südfassade mit der Terrasse, die durch Rankgerüste vor Einblicken geschützt ist.

OBEN_ Ansicht des Hauses von der Straße, aus deren Achse das Gebäude zur Sonne hin gedreht wurde.

RECHTE SEITE_ Außergewöhnlich große Fenster öffnen sich zur Aussicht im Westen und Norden.

lumen bedeutende energetische Vorteile bietet. Damit war es möglich, die relativ großen Glasflächen im Westen und Osten zu kompensieren und problemlos Passivhausstandard zu erreichen. Hohe Bau-, Dämm- und Luftdichtheitsstandards waren selbstverständliche Zutaten zum gelungenen Passivhaus-Rezept, das auch hinsichtlich der innenräumlichen Gestaltung einen überdurchschnittlichen Standard erreicht. Hier wird bei der Wandgestaltung das im Äußeren vorexerzierte Farbkonzept mit roten und weißen Wandinnensichten sowie natürlichen Holzoberflächen aufgegriffen, den Untergrund bilden anthrazitfarbene Schieferplatten, die die eingestrahlte Sonnenwärme wirkungsvoll speichern und wieder an die Raumluft abgeben können. Der große, die unterschiedlichen Zonen offen miteinander verknüpfende Wohn-, Ess- und Kochraum zeichnet sich nicht nur durch seine Durchgängigkeit, sondern durch die großen Öffnungen Richtung Westen aus, die bewusst den Bezug zur grünen Umgebung ins Blickfeld rücken.

OBEN_ Die Küche ist als Raumteiler
zwischen Ess- und Wohnbereich
konzipiert.

1   Windfang/Stiegenhaus
2   Vorraum/Garderobe
3   WC
4   Dusche
5   Büro
6   Wohnen
7   Kochen
8   Essen
9   Gartenlaube
10 Garage
11 Vorraum
12 Bad
13 Schlafen
14 Schrankraum
15 Kind
16 Technik
17 Keller

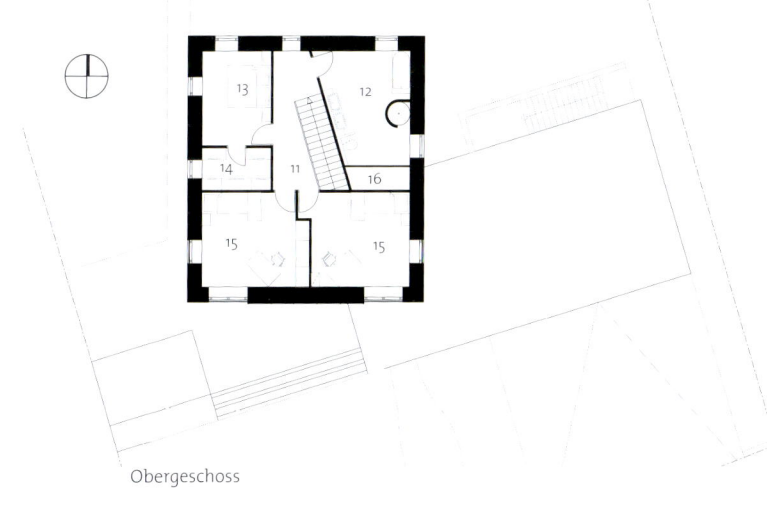

Obergeschoss

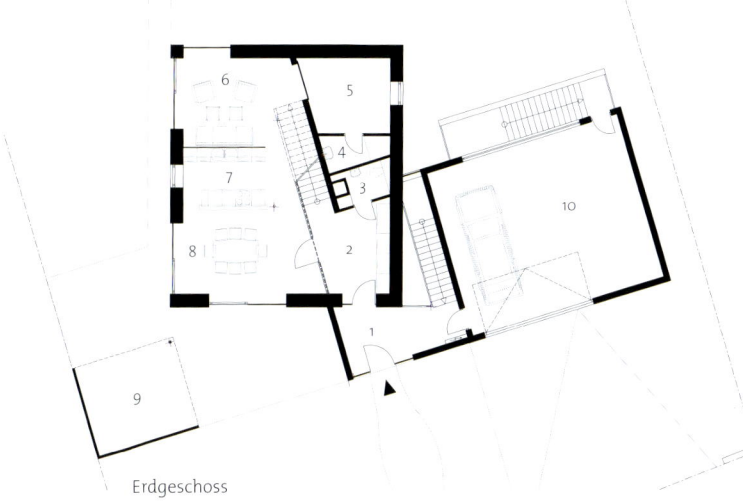

Erdgeschoss

BAUDATEN

STANDORT_ Niederösterreich

BAUZEITRAUM_ 2006

WOHN- UND NUTZFLÄCHE GESAMT_ 167 m² zuzüglich 76 m²
Terrassen

ENERGIEBEZUGSFLÄCHE (NACH PHPP)_ 190 m²

THERMISCHE HÜLLE_ 556 m²

BRUTTORAUMINHALT (BRI)_ 1310 m³ (808 m³ beheizter Bereich,
502 m³ unbeheizter Bereich)

GRUNDSTÜCKSGRÖSSE_ 1050 m²

BAUWEISE/DÄMMUNG GEBÄUDEHÜLLE_ Holzriegelkonstruk-
tion, gedämmt mit eingeblasenen Zelluloseflocken,
Bodenplatte Stahlbeton gedämmt

VERGLASUNGEN_ Dreischeibige Passivhausverglasungen/
Holz-Aluminium-Fenster (U_g-Wert: 0,6 W/(m²K))

ENERGIEKONZEPT_ Optimale passive Solarenergienutzung
bei optimaler Gebäudeausrichtung, kontrollierte Be- und
Entlüftung mit Wärmerückgewinnung, Sole-Wasser-
Wärmepumpe mit Vorheizregister (Erdwärmekollektor),
hoch gedämmte Gebäudehülle, wärmebrückenfreie
Planung, sehr gute Luftdichtheitswerte, hoch effiziente
Dämmung

ENERGIESTANDARD_ Passivhaus (nach PHPP)

HEIZENERGIEBEDARF/JAHR (BERECHNET NACH PHPP)_ 14,9 kWh/m²

LUFTDICHTHEIT N50_ 0,20/h

BAUKOSTEN (GESAMT BRUTTO, INKL. ALLER HONORARE, STEUERN
UND NEBENKOSTEN)_ ca. 300.000 Euro

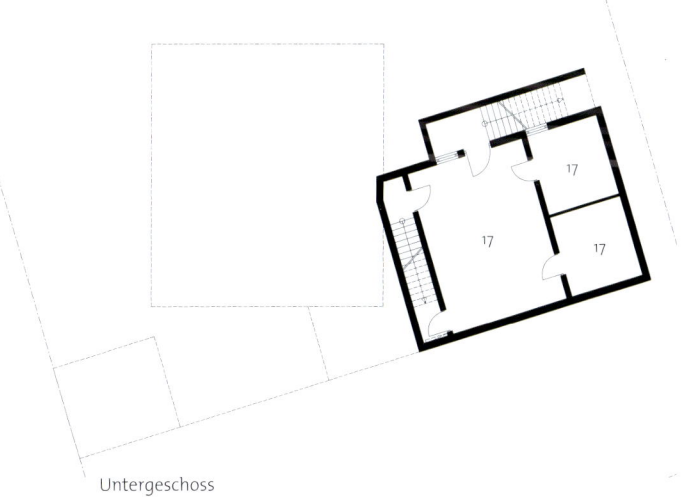

Untergeschoss

8 Leben auf einer Ebene

Ein kompaktes Niedrigstenergiehaus in Oberösterreich

PLANUNG_Ernst Michael
Jordan, St. Valentin
(Oberösterreich)
PROJEKTLEITUNG_Thomas
Wimmer

Alles durfte das Haus nach der Vorstellung der Bauherren sein, nur nicht langweilig und alltäglich. Alte Hüte und fehlgeleitete Bautraditionen der letzten Jahrzehnte wollte man ad acta legen und mit klarer Architektur im Äußeren, aber auch klaren Strukturen im Innern neue Wege des ländlichen Einfamilienhausbaus beschreiten. Und als Dreingabe des Architekten war eine zeitgemäß hohe Energieeffizienz erwünscht, die mit einem Heizenergiebedarf nahe am Passivhausstandard voll erreicht worden ist.

Wohnen ohne Niveauunterschiede

Nicht nur für ältere Menschen, sondern durchaus auch für Familien mit Kindern kann die Zusammenfassung aller Haupträume auf einer Ebene mehr als eine Überlegung wert sein. Hier fiel die Wahl insofern umso leichter, als die Lage auf einer Hangkuppe die Anordnung eines vollständigen Wohngeschosses oben und eines darunter gelegenen, flächenmäßig kleineren Geschosses mit untergeordneten Räumen und Gästebereich planerisch nahelegte. Die untere Ebene mit Zufahrt und Zugang kann dank des eigenen Bads bei Bedarf auch einmal als eine Art kleiner Einliegerbereich genutzt werden – etwa von einem Kind in fortgeschrittenem Alter oder einem Großelternteil. Oben ist die Gesamtfläche in einen gemeinsamen Wohn-, Koch- und Essbereich einerseits und einen Kinder- beziehungsweise Schlafzimmerbereich andererseits unterteilt. Weiß verputzte Fassadenplatten im Brüstungs- und Attikabereich halten die verschiedenen Teile des Grundrisses wie eine Spange zusammen. Vor den Kinderzimmern ist eine Balkon-Loggia entstanden, die sich nach Westen zu einer großen Terrasse erweitert und mit ihrem Belag aus unbehandelter Lärche das

Ernst Michael Jordan, St. Valentin (Oberösterreich)   43

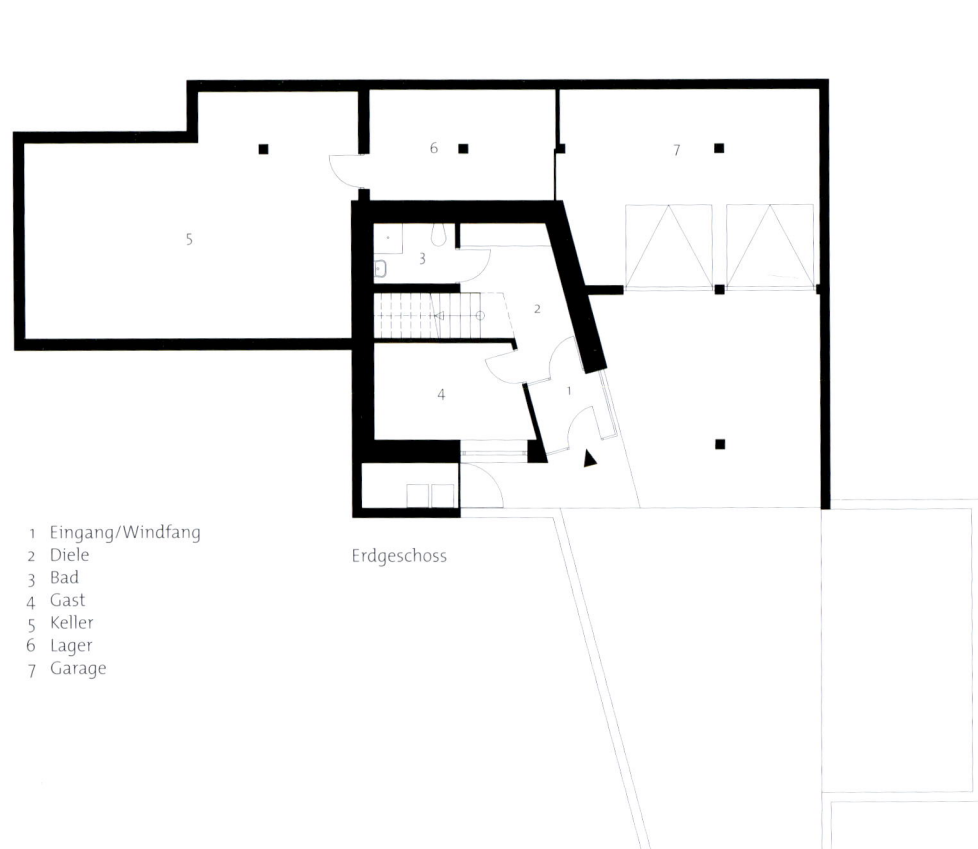

1 Eingang/Windfang
2 Diele
3 Bad
4 Gast
5 Keller
6 Lager
7 Garage

Erdgeschoss

Fassadenmaterial der innen liegenden »Schale« aufgreift. Das südwestliche Eck des Wohnraums ist als Nurglaslösung ausgebildet, um die Sonnenwärme und das Licht bestmöglich ausnutzen zu können und den Übergang zur Terrasse fast unmerklich zu gestalten.
Insgesamt sind im oberen Geschoss alle Nutzungen aufs Beste vereinigt, die im normalen
Tagesablauf am häufigsten zu erreichen sein müssen, um so kurze Wege zu erzielen. Hinzu
kommt eine ausgesprochen positive Energiebilanz mit sehr geringen Kosten, die fast im
Bereich eines Passivhauses liegen.

OBEN_ Eine ausfahrbare Beschattung schützt die Terrasse vor Regen
und zu starker Besonnung.

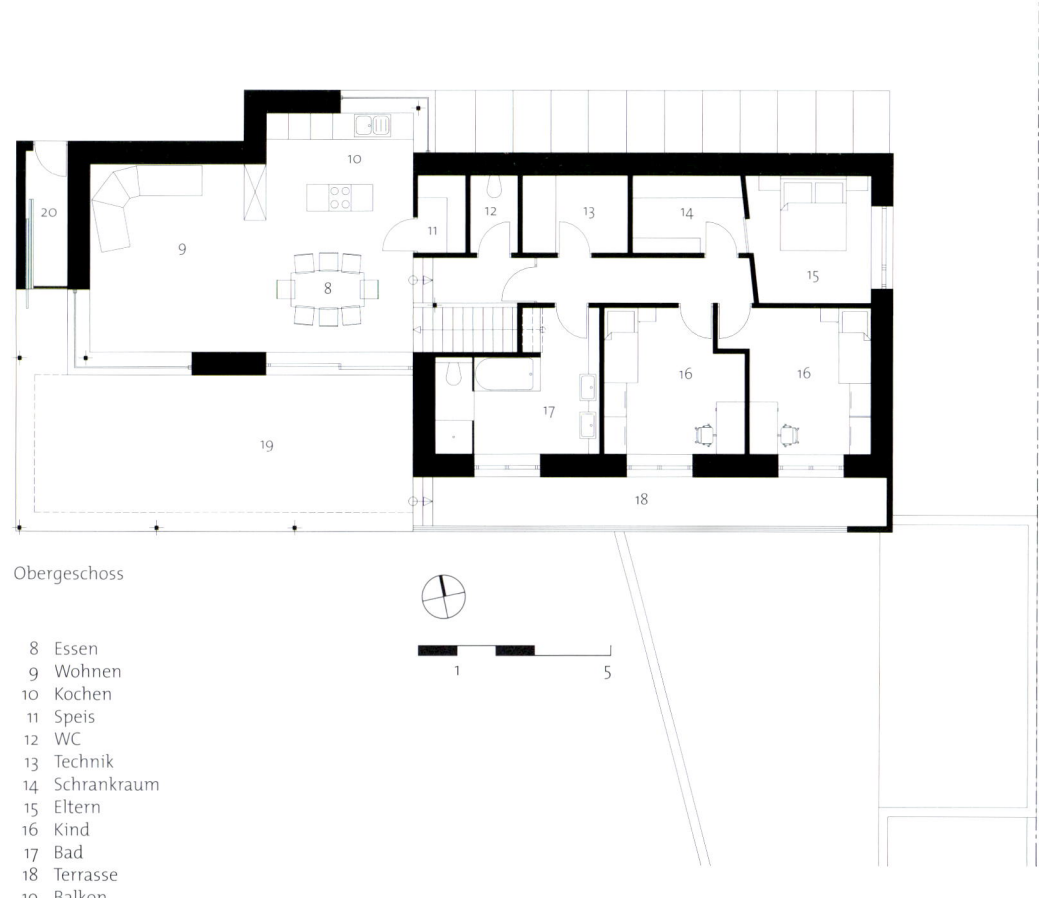

Obergeschoss

8   Essen
9   Wohnen
10 Kochen
11 Speis
12 WC
13 Technik
14 Schrankraum
15 Eltern
16 Kind
17 Bad
18 Terrasse
19 Balkon
20 Lager

BAUDATEN

STANDORT_ Oberösterreich

BAUZEITRAUM_ 2007–2008 (8 Monate)

WOHN- UND NUTZFLÄCHE GESAMT_ 154 m² zuzüglich 67 m²
Terrassen

BRUTTORAUMINHALT (BRI)_ 1281 m³ (845 m³ beheizter Bereich,
436 m³ unbeheizter Bereich)

GRUNDSTÜCKSGRÖSSE_ 2000 m²

BAUWEISE/DÄMMUNG GEBÄUDEHÜLLE_ Holzriegelkonstruk-
tion, gedämmt mit eingeblasenen Zelluloseflocken,
Bodenplatte und Untergeschoss Stahlbeton gedämmt

VERGLASUNGEN_ Dreischeibige Passivhausverglasungen
(U_g-Wert: 0,6 W/(m²K))

ENERGIEKONZEPT_ Optimale passive Solarenergienutzung
bei optimaler Gebäudeausrichtung, kontrollierte Be- und
Entlüftung mit Wärmerückgewinnung, Wärmepumpe
mit Vorheizregister (Erdwärmekollektor), hoch gedämmte
Gebäudehülle, wärmebrückenfreie Planung, sehr gute
Luftdichtheitswerte, hoch effiziente Dämmung

ENERGIESTANDARD_ Niedrigstenergiehaus

HEIZENERGIEBEDARF/JAHR (BERECHNET NACH OIB)_ 20 kWh/m²

LUFTDICHTHEIT N50_ 0,16/h

BAUKOSTEN_ ca. 400.000 Euro

9 Weiße Moderne im Traumgarten

Ein Passivhaus mit klaren Strukturen bei Celle

PLANUNG_ Klodwig
& Partner Architekten,
Münster

Dieses Passivhaus ist nicht, was es zu sein scheint. Die Betrachtung von außen lässt zwar die hohe Qualität der Architektur erkennen, jedoch eher auf Massivbaukonstruktion und konventionelles Innenleben schließen. Aber weit gefehlt: Die Familie Luther wollte von ihrem Freund und Architekten Tobias Klodwig keinesfalls ein konventionelles Einfamilienhaus hingesetzt bekommen, sondern ein Heim zum Wohlfühlen, das das Leben mit der Sonne, dem Garten und den Jahreszeiten ermöglichen, jederzeit angenehm temperiert sein und sparsam mit den natürlichen Ressourcen und den Energiekosten umgehen sowie gezielt ökologische Materialien einsetzen sollte. Nach einigen Sommern und Wintern im Haus hat sich erwiesen, dass keiner der genannten Wünsche offen geblieben ist – ein schöneres Lob lässt sich wohl kaum denken.

Optimale Platzausnutzung und hohe Wärmegewinne durch exakte Gebäudeausrichtung
Nach Art traditioneller Einfirsthöfe lang gestreckt, nutzt das Haus der Familie Luther die schmale Parzelle auf das Beste aus. Die langen Traufseiten mit großen Öffnungen sorgen dafür, dass das Haus auch am Morgen und gegen Abend bestens belichtet wird. Der abgesehen vom Türblatt weitgehend verglaste Eingangsbereich ist gekoppelt mit einer zweigeschossigen Halle, dem nur durch eine Wandscheibe separierten Treppenraum und der Galerie des Obergeschosses, die den Verteiler zu den Kinderzimmern, dem Elternschlafzimmer und zum Bad bildet. Der Wohnraum orientiert sich nach Süden wie Westen, während er die nahe Nachbarschaft im Osten bewusst ausblendet. Nach Norden beschränkte man sich aus energetischen Gründen auf die notwendigsten Fassadenöffnungen, die grundsätzlich alle in direkter Abhängigkeit von den Himmelsrichtungen und dem somit gegebenen Licht- und Sonneneinfall geplant worden sind. Nur so waren zusammen mit entsprechenden

OBEN UND RECHTE SEITE_ Die südliche Giebelseite sammelt mit ihren großen Glasflächen nicht nur reichlich Sonnenwärme, sondern öffnet sich auch zum Garten, sodass nahtlose Übergänge zwischen Haus, Terrasse und Garten entstanden sind. Der Balkon dient im Sommer gleichzeitig als Sonnenschutz. Die vier Kugelahorne unterstreichen die geometrisch klaren Formen des Gebäudes.

Verglasungen hohe passive Energiegewinne möglich. Die eingesetzten ökologischen und hoch dampfdiffusionsoffenen Materialien wie Massivholz, Zellulose, Schafwolle und Stroh gewährleisten zusammen mit der Lüftungsanlage und der sehr guten Luftdichtheit, dass es im Haus zu allen Jahreszeiten angenehm ist.

Leben mit dem Garten und der Sonne

Den nördlichen und südlichen Abschluss und den blühenden Saum auf den beiden anderen Seiten bildet ein wunderschöner Garten, den ein befreundeter Landschaftsarchitekt skizzierte und den die Familie mit den Jahren selbst anlegte. Die Nordgrenze des Grundstücks markiert ein Bachlauf mit auenartigem Gehölzbestand, den die Kinder zum Aufhängen ihrer Hängematten in luftiger Höhe nutzen. Während der Sommerzeit dient

OBEN_Großzügige Raumbeziehungen: Blick vom Wohnbereich zum Essplatz und in die dahinter anschließende Küche.

RECHTE SEITE_Die eindrucksvolle, bis zum Dachfirst geöffnete Eingangshalle ist Dreh- und Angelpunkt des Hauses. Die Wohnräume sind thermisch davon separiert – links der Durchgang zum Essbereich.

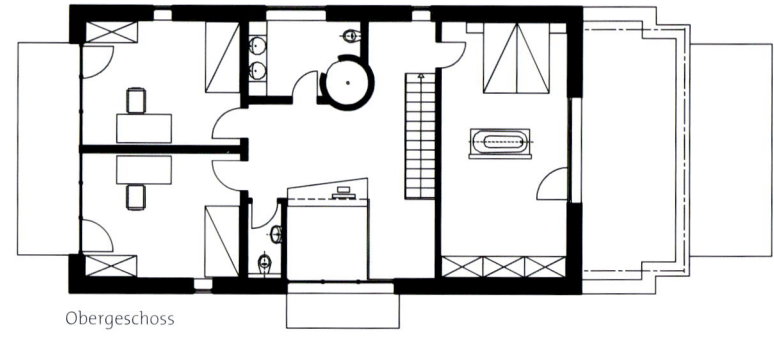
Obergeschoss

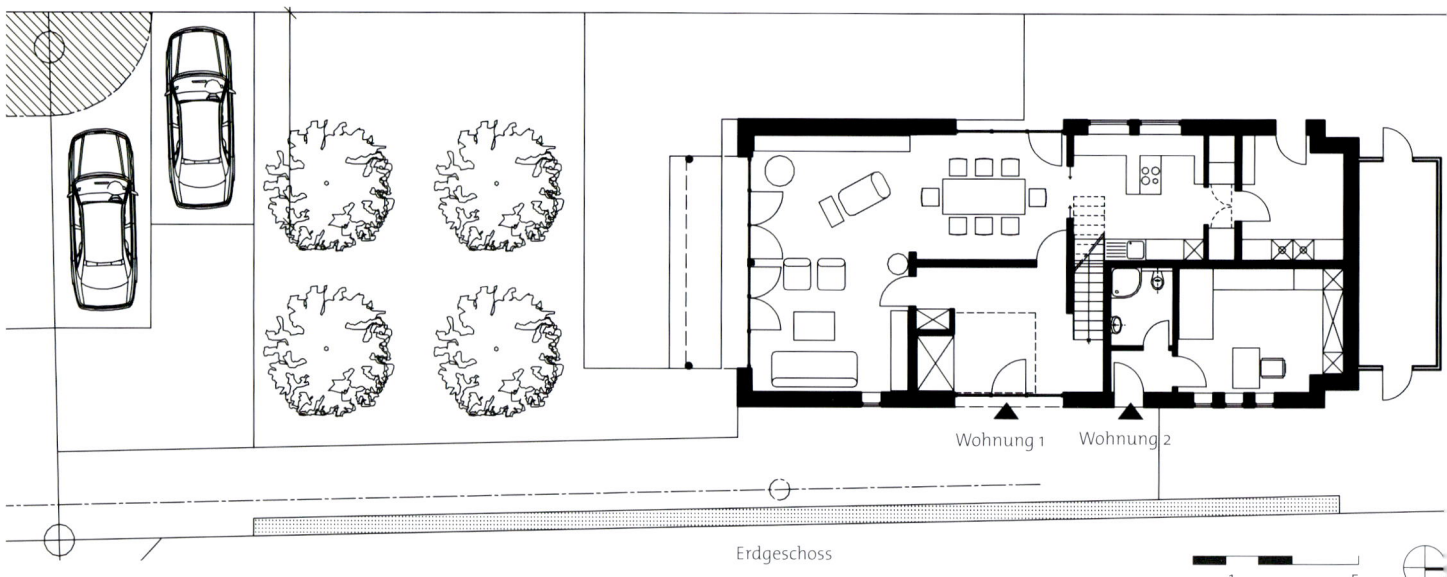
Wohnung 1   Wohnung 2

Erdgeschoss

1   5

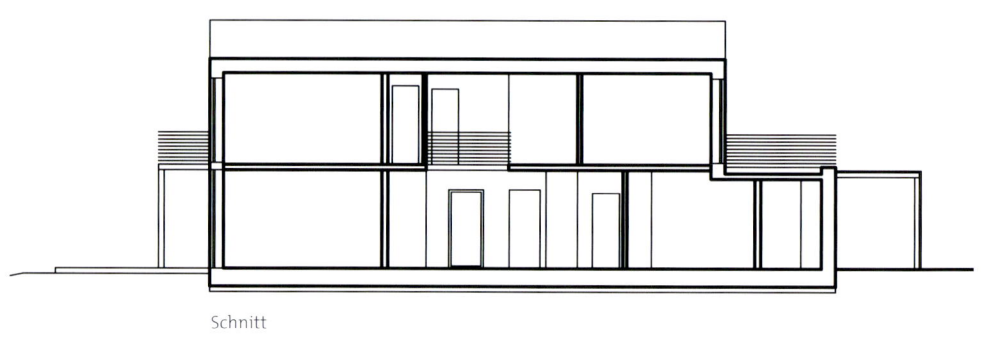
Schnitt

das Fließgewässer der Abkühlung, sogar kurze Schwimmzüge sind möglich. Auf der entgegengesetzten Südseite bildet ein geometrischer Garten à la Méditerranée mit blühenden Beeten und Kugelahorn das gestalterische Gegenstück zum naturnahen Paradies. Eine Freitreppe inszeniert den Übergang zur Terrasse und zum Erdgeschoss, das wegen der Lage im Überschwemmungsgebiet erhöht angelegt worden ist. Die Südseite öffnet sich mit großen Glastüren zur Terrasse und zum Garten, das offene Erdgeschoss erlaubt weite Durchblicke vom hintersten Winkel der Küche bis zur Buchenhecke, die den privaten vom öffentlichen Bereich mit der etwa 50 Meter entfernten Durchgangsstraße abschirmt.

BAUDATEN

STANDORT_ Bei Celle/Niedersachsen

BAUZEITRAUM_ 2004–2005 (8 Monate)

WOHN- UND NUTZFLÄCHE GESAMT_ 210 m² zuzüglich 30 m²
Terrassen

ENERGIEBEZUGSFLÄCHE (NACH PHPP)_ 210 m²

THERMISCHE HÜLLE_ 522 m²

BRUTTORAUMINHALT (BRI)_ 748 m³ (670 m³ beheizter Bereich,
78 m³ unbeheizter Bereich)

GRUNDSTÜCKSGRÖSSE_ 780 m²

BAUWEISE/DÄMMUNG GEBÄUDEHÜLLE_ Holzrahmenbauweise
mit Putzfassade, Dämmung aus eingeblasenen
Zelluloseflocken, Schafwolle und Strohbauplatten

VERGLASUNGEN_ Dreischeibige Passivhausverglasungen/
Holz-Aluminium-Fenster (U_g-Wert: 0,5 W/(m²K))

ENERGIEKONZEPT_ Optimale passive Solarenergienutzung
bei optimaler Gebäudeausrichtung, kontrollierte Be-
und Entlüftung mit Wärmerückgewinnung (93 %),
Fotovoltaikanlage mit 1 kWp Leistung, hoch gedämmte
Gebäudehülle, wärmebrückenfreie Planung, sehr gute
Luftdichtheitswerte, hoch effiziente Dämmung

ENERGIESTANDARD_ Passivhaus (nach PHPP)

HEIZENERGIEBEDARF/JAHR (BERECHNET NACH PHPP)_ 14 kWh/m²

PRIMÄRENERGIEBEDARF/JAHR (FÜR HEIZUNG,
WARMWASSER, HILFS- UND HAUSHALTSSTROM;
BERECHNET NACH PHPP)_ 64 kWh/m²

LUFTDICHTHEIT N50_ 0,35/h

BAUKOSTEN (GESAMT BRUTTO, INKL. ALLER HONORARE, STEUERN
UND NEBENKOSTEN)_ ca. 330.000 Euro

10 Heizen mit der Sonne

Ein Energiesparhaus mit hohen solaren Wärmegewinnen im Bayerischen Wald

PLANUNG_ Kozeny Bauunternehmen e.k., Waldkirchen

Im Normalfall bedienen sich auch Niedrigstenergiehäuser zur Deckung ihres verbleibenden Wärmebedarfs Wärmepumpen, Pellet-Primäröfen oder auch einmal Scheitholzheizungen, während Sonnenkollektoren der Warmwasserbereitung und Heizungsunterstützung dienen. Anders bei dem hier vorgestellten Beispiel, das über zwei Drittel seiner Heizenergie über Solarkollektoren selbst erzeugt.

Ein Lärmschutzwall als »Sonnenkraftwerk«

Man entschied sich nicht zuletzt aus optischen Gründen für die Konzentration der Solarkollektoren an einer Stelle, wofür der aus Lärmschutzgründen ohnehin benötigte, genau nach Süden orientierte Erdwall zwischen Grundstück und Straße benutzt werden konnte. Mit einer stattlichen Gesamtfläche von 53 Quadratmetern decken die in einem Neigungswinkel von 60° aufgeständerten Kollektoren den Heiz- und Warmwasserenergiebedarf des Hauses gemeinsam mit den passiven Wärmegewinnen zu etwa 70%! Voraussetzung dafür war der Einbau eines ausreichend bemessenen Schichtenspeichers mit einem Volumen von 9900 Kubikmetern, der die von den Solarpaneelen bereitgestellte Wärme bis zu drei Wochen speichern kann. Für besonders kalte und sonnenscheinarme Perioden steht zusätzlich eine Scheitholzheizung zur Verfügung, für deren Betrieb etwa 3–4 Raummeter Holz im Jahr genügen. Die Gesamt-Heizkosten betragen damit unter 350 Euro im Jahr, der Primärenergiebedarf insgesamt liegt deutlich unter dem von Häusern mit Wärmepumpen-Systemen. In jedem Raum kann die Temperatur individuell gesteuert werden, was sich vor allem in der Übergangszeit als sehr vorteilhaft erwiesen hat. Für eine wirksame Dämmung der Gebäudehülle sorgt einschaliges, 42,5 Zentimeter starkes Mauerwerk aus Poroton-T8-Hohlkammerziegeln mit Perlite-Füllung, die eine weitere Dämmung überflüssig machten und damit einen beträchtlichen Teil der erhöhten Investitionskosten wieder einsparten.

LINKS_ Blick auf das Gebäude von Südwesten mit dem Wintergartenvorbau.

OBEN UND RECHTE SEITE_ Der südlichen Traufseite des Hauses sind die 53 Quadratmeter Solarkollektoren vorgelagert, die den vorhandenen Lärmschutzwall ausnutzen. Die abgesetzten Flächen auf den Hausdächern sind nur architektonische Elemente, keine Solarpaneele.

Schnitt

Natürlich Wohnen im Solarhaus

Die großen Glasflächen nach Süden dienen nicht nur der direkten Erwärmung der Räume, sondern belichten auch alle Wohn- und Schlafräume so wirkungsvoll, dass dadurch untertags kein elektrisches Licht benötigt wird. Viel massives Holz im Innenausbau mit sichtbaren Balkenlagen transportiert eine warme Atmosphäre, die Perlite-gefüllten Ziegelmauern dienen als Wärmespeicher, halten also die Räume im Winter warm und im Sommer kühl. Die automatische Belüftung gewährleistet eine stetige Frischluftzufuhr.

GANZ OBEN_ Blick durch das offene Erdgeschoss – rechts der Holzscheitofen, der die solar erzeugte Wärme im Winter ergänzt.

OBEN LINKS_ Blick über den Essplatz in die Küche und zum verglasten Treppenbereich.

OBEN RECHTS_ Im Obergeschoss wird der große Pufferspeicher, der die Sonnenwärme der Kollektoren bewahrt, als skulpturaler Bestandteil des Innenraums interpretiert.

1	Eingang	14	Luftraum
2	Diele	15	Galerie
3	Garderobe	16	Lesen
4	Essen	17	Kind
5	Wintergarten	18	Bad
6	Kochen	19	Steg
7	Speisekammer	20	Schlafen
8	Büro	21	Flur
9	WC/Duschen	22	Fitness
10	Wohnen	23	Sauna
11	Kamin	24	Dusche
12	Wasserspeicher	25	Keller/Waschen
13	Terrasse	26	Technik
		27	Archiv/Lager
		28	Besprechung

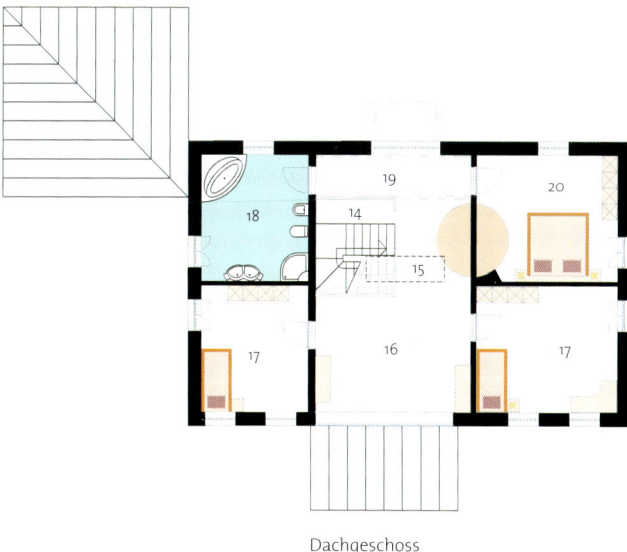

Dachgeschoss

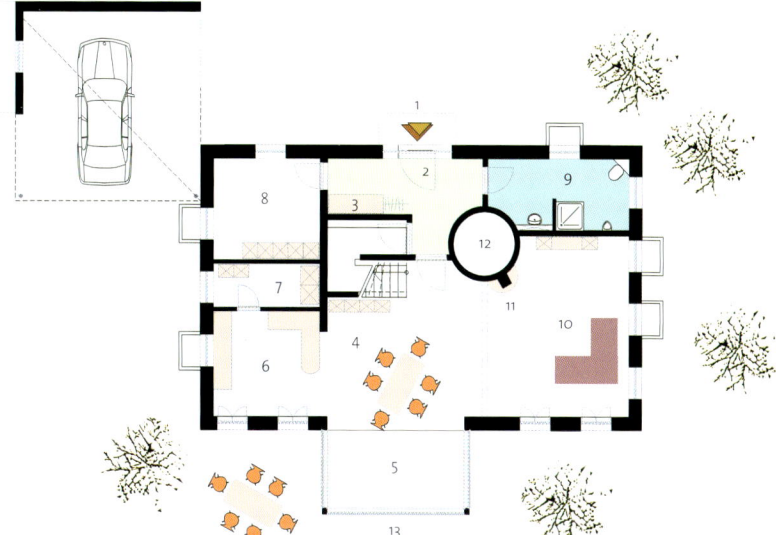

Erdgeschoss

BAUDATEN

STANDORT_ Waldkirchen-Frischeck/Bayerischer Wald

BAUZEITRAUM_ 2006–2007 (7 Monate)

WOHNFLÄCHE GESAMT_ 205 m² zuzüglich 35 m² Terrassen

ENERGIEBEZUGSFLÄCHE (NACH ENEV)_ 465,5 m²

THERMISCHE HÜLLE_ 797 m²

BRUTTORAUMINHALT (BRI)_ 1438 m³ (1300 m³ beheizter
Bereich, 138 m³ unbeheizter Bereich)

GRUNDSTÜCKSGRÖSSE_ 747 m²

BAUWEISE/DÄMMUNG GEBÄUDEHÜLLE_ Massivbauweise mit
Poroton-Energiesparziegel T8 (Mauerwerksstärke 42,5 cm),
Dach gedämmt, Keller gedämmt

VERGLASUNGEN_ Dreischeibige Passivhausverglasungen/
Holz-Aluminium-Fenster (U$_g$-Wert: 0,93 W/(m²K))

ENERGIEKONZEPT_ Optimale passive Solarenergienutzung
bei optimaler Gebäudeausrichtung, hoch gedämmte
Gebäudehülle (durch Kammersystem und Perlite-Füllung
des Ziegels), Heizung über 53 m² Solarkollektoren mit
9900 m³-Pufferspeicher, Zuheizung durch Holzscheitofen,
wärmebrückenfreie Planung, sehr gute Luftdichtheitswerte

ENERGIESTANDARD_ Niedrigstenergiehaus (nach PHPP)

HEIZENERGIEBEDARF/JAHR (BERECHNET NACH ENEV)_
33 kWh/m²

PRIMÄRENERGIEBEDARF/JAHR BERECHNET NACH
ENEV)_ ca. 15 kWh/m²

SOLARER DECKUNGSGRAD_ ca. 70%

BAUKOSTEN (GESAMT BRUTTO, INKL. ALLER HONORARE, STEUERN
UND NEBENKOSTEN)_ ca. 370.000 Euro

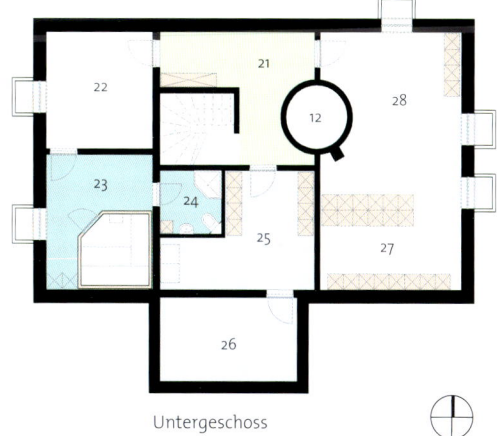

Untergeschoss

11 Positive Energiebilanz statt hoher Kosten

Ein Plusenergie-Haus in Pfarrkirchen (Niederbayern)

PLANUNG_ Architekt
Alfons Lengdobler,
Pfarrkirchen

Neue Wege zu beschreiten, ist dann am besten möglich, wenn der Planer als sein eigener Bauherr fungiert – so wie bei dem Haus von Brigitte und Alfons Lengdobler. Der Architekt wollte für das eigene Einfamilienhaus im niederbayerischen Pfarrkirchen möglichst all das umsetzen, was er sich an Wissen über energiesparendes Bauen, Passivhaustechnik und neue Energiesysteme über die Jahre angeeignet hatte, ohne an die alltäglichen Sachzwänge und Bedenken gebunden zu sein.

Solares Bauen in Perfektion

Grundlage des ambitionierten Vorhabens war zunächst die Verwirklichung der vom Passivhaus-Institut Darmstadt entwickelten Richtlinien, also einem jährlichen Heizenergiebedarf von höchstens 15 kWh/m². Damit wollte sich Alfons Lengdobler allerdings noch nicht zufriedengeben: Konsequent zog man alle Register des solaren Bauens, das zum einen indirekte und direkte Energiegewinne über Glasflächen, Fotovoltaik-Paneele und Solarkollektoren, zum anderen die effiziente Speicherung und Nutzung der Wärme einschließt. Mit seiner Traufseite direkt nach Süden ausgerichtet, sammelt das Haus über seine großen Scheiben passive Sonnenwärme, in die Pultdächer der Nebengebäude wurden 46,5 Quadratmeter Fotovoltaik-Module mit 7,56 kWp Leistung – dem Doppelten des selbst benötigten Stroms – und Kollektoren integriert. Die thermische Solaranlage mit den überwiegend fassadenintegrierten Kollektoren ist einerseits für die Warmwasserbereitung zuständig und gibt dazu einen Teil der Wärme an den 1000 Liter fassenden Pufferspeicher ab, heizt andererseits aber auch das Erdreich unter der Bodenplatte auf bis zu 55 °C auf. Da so selbst im Winter die Temperatur des Erdreichs nie unter 20 °C fällt, erübrigte sich eine besondere Wärmedämmung der betonierten Bodenplatte, die im Gesamtsystem vielmehr gleichsam als Speichermasse und Wärmeträger dient. Und nicht zuletzt können die Kollektoren einen Teil

OBEN_ Blick auf die Südseite von Südosten mit den fassadenintegrierten Solarkollektoren und dem vor Überhitzung schützenden Vordach.

GANZ OBEN_ Die Fotovoltaikanlage wurde in das Dach der vorgelagerten Garagen integriert.

RECHTE SEITE OBEN_ Die Ansicht von Nordosten zeigt, dass die »kalte« Seite hoch geschlossen ausgeführt ist, um das Haus warm zu halten. Links einer der gedeckten Freisitze mit der Frühstücksterrasse.

RECHTE SEITE UNTEN_ Die Südfassade sammelt passive Sonnenwärme durch die großen Verglasungen. Rechts eine Garage mit den dachintegrierten Fotovoltaikpaneelen.

der Dämmung ersetzen, indem sie durch die Eigenerwärmung selbst in der kalten Jahreszeit den Wärmestrom in der Außenwand umkehren, sodass sich ein dynamischer, negativer U-Wert einstellt. Bei allen solaren Wärmegewinnen bleibt das Gebäude aber auch im Sommer angenehm temperiert. Dafür sorgen neben einem Vordach, das die sommerlichen Sonnenstrahlen weitgehend draußen hält und die willkommenen winterlichen passieren lässt, eine sehr wirksame Dämmung, die automatische Be- und Entlüftung sowie ein zusätzlich temperierendes Gründach.

Energieplanung und Architektur als Einheit

In der Zusammenschau ergibt sich beim Haus der Familie Lengdobler eine positive Gesamtenergiebilanz, das heißt, es erzeugt im täglichen Betrieb mehr Energie als es verbraucht! Da die Sonne keine Rechnung stellt, keine zusätzliche Heizquelle mehr benötigt wird und die Fotovoltaikanlage weit mehr an Ertrag für die Einspeisung des selbst erzeugten Stroms erzielt als für den Strombezug bezahlt werden muss, handelt es sich um ein wirkliches Plusenergiehaus mit höchst angenehmem Raumklima. Das Wohngeschoss zeigt eine große Offenheit und besitzt nach Osten wie Westen geschützte Erweiterungs- und Aufenthaltsflächen, die den Wohnraum noch vergrößern. Die Hanglage wurde geschickt für die Anordnung der Kellerersatzräume und des Eingangsvorbaus genutzt, deren Dächer wiederum die Solaranlagen aufnehmen.

LINKS_ Eine Küche mit weitem Ausblick.

OBEN_ Der offene Wohn- und Essbereich mit den großen Verglasungen nach Süden.

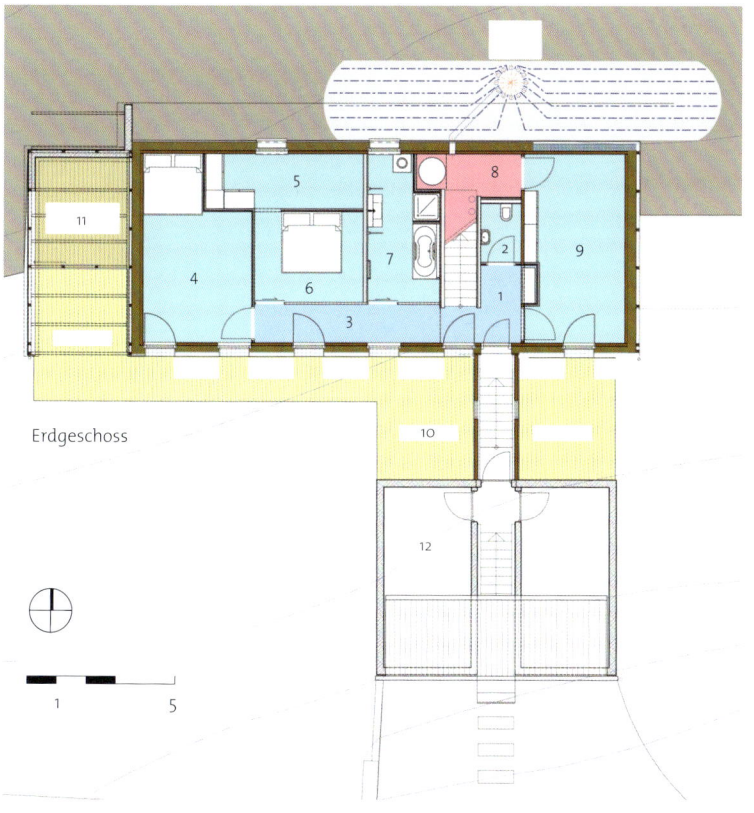

Erdgeschoss

Obergeschoss

1 Eingang	11 Abstellen
2 WC	12 Kellerersatzraum
3 Japanische Wand	13 Wohnen/Essen
4 Kind	14 Kochen
5 Ankleide	15 Vorrat
6 Schlafen	16 Luftraum
7 Bad	17 Dachterrasse
8 Technik	18 Balkon
9 Büro	19 Fotovoltaik
10 Terrasse	

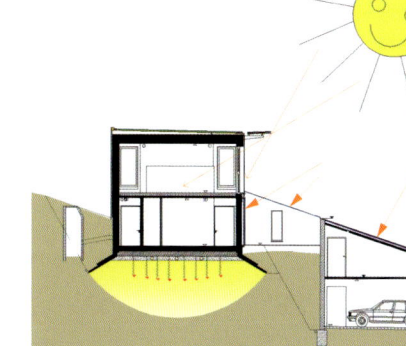

Schnitt/Energiekonzept

BAUDATEN

STANDORT_ Pfarrkirchen/Niederbayern

BAUZEITRAUM_ 2006–2007 (7 Monate)

WOHNFLÄCHE GESAMT_ 160 m² zuzüglich 33 m² Terrassen

ENERGIEBEZUGSFLÄCHE (NACH PHPP)_ 158,97 m²

THERMISCHE HÜLLE_ 671,8 m²

BRUTTORAUMINHALT (BRI)_ 1184 m³ (691 m³ beheizter Bereich, 493 m³ unbeheizter Bereich)

GRUNDSTÜCKSGRÖSSE_ 840 m²

BAUWEISE/DÄMMUNG GEBÄUDEHÜLLE_ Massivholz-Bauweise, Dämmung aus eingeblasenen Holzfasern

VERGLASUNGEN_ Dreischeibige Passivhausverglasungen (Ug-Wert: 0,6 W/(m²K))

ENERGIEKONZEPT_ Optimale passive Solarenergienutzung bei optimaler Gebäudeausrichtung, kontrollierte Be- und Entlüftung mit Wärmerückgewinnung (93 %), 28 m² Solarkollektoren (fassadenintegriert und auf Dach) mit 1000l-Pufferspeicher und Erdwärmespeicher unter der

Bodenplatte, 46,5 m² Fotovoltaikanlage (7,56 kWp), hoch gedämmte Gebäudehülle, wärmebrückenfreie Planung, sehr gute Luftdichtheitswerte, hoch effiziente Dämmung

ENERGIESTANDARD_ Passivhaus (nach PHPP)

HEIZENERGIEBEDARF/JAHR (BERECHNET NACH PHPP)_ 15 kWh/m²

PRIMÄRENERGIEBEDARF/JAHR (FÜR HEIZUNG, WARMWASSER, HILFS- UND HAUSHALTSSTROM; BERECHNET NACH PHPP)_ 92 kWh/m²

LUFTDICHTHEIT N50_ 0,40/h

BAUKOSTEN (GESAMT BRUTTO, INKL. ALLER STEUERN UND NEBENKOSTEN, OHNE ARCHITEKTENHONORAR)_ 340.000 Euro

12 Grandioses Hofhaus mit Mainblick
Ein Niedrigstenergiehaus bei Haßfurt (Unterfranken)

PLANUNG_Architekturbüro
[lu:p], Grub am Forst

Bei der Anfahrt von einem höher gelegenen Ortsteil wird der Besucher des Wohnhauses der Familie Thomé schon von Weitem gewahr, denn es ragt im Wortsinn deutlich aus der heterogenen Struktur des Neubaugebiets heraus. Der hohe Anspruch der Architektur galt gleichermaßen auch für die energetischen Qualitäten: Zur Begrenzung der Wärmeverluste und zur Optimierung der Wärmegewinne verfolgte die Planung das Ziel, das Gebäude genau nach den Himmelrichtungen zu orientieren und die Fassadenöffnungen exakt nach der Sonnenintensität zu bemessen. Während die Nord-, Ost- und Westseite einen Fensteranteil von lediglich 10 bis unter 15% der Fassadenflächen aufweisen, ist die Südseite zu über 55% verglast. So weit als möglich, hat man auf besonders energiesparende Festverglasungen zurückgegriffen, überall sind dreischeibige Passivhausverglasungen eingesetzt worden.

Traumblick auf das Maintal, die Sonnenwärme im Haus

Der Vorzug des Grundstücks hoch über dem südlich gelegenen Maintal besteht in erster Linie darin, dass es die die Ausrichtung des Hauses zum Fluss und in die Landschaft, aber gleichzeitig auch zur Sonne ermöglichte. So ließen sich der wunderschöne Ausblick, eine optimale Belichtung der Räume und die energetischen Notwendigkeiten bestens in Einklang bringen. Die südlich vorgelagerte, durch Mauerscheiben gefasste Terrasse wird bei geöffneten Schiebetüren zum Teil des Wohnbereichs. Zum nördlichen Siedlungsgebiet grenzt die dreiseitige Umfassungsmauer das Gebäude ab und schuf so gleichzeitig einen intimen Innenhof. Das gleich einem weißen Körper aufgesetzte, leicht wirkende Obergeschoss scheint über dem massiven Erdgeschoss und über der Mauer zu schweben. Seine Auskragung unterstreicht diesen Eindruck, schafft einen wirksamen Witterungsschutz

LINKS_ Detail der Südfassade mit Sitzplatz auf der holzgedeckten Terrasse.

OBEN_Das Gebäude von Südosten. Zwei Gartenmauern begrenzen das Haus, schützen die südseitig vorgelagerte Terrasse und lassen einen intimen Bereich entstehen.

RECHTE SEITE_ Der Blick von Nordwesten lässt den schwebenden Charakter des Obergeschosses gut nachvollziehen. Die Mauern bilden einen privaten Eingangsvorhof. Rechts die angefügte Garage.

OBEN LINKS_ Blick durch das Wohnzimmer zum Lesebereich.

OBEN_ Vom Essplatz aus bietet sich ein weiter Blick über die Wiesen und auf das Maintal..

RECHTE SEITE_Obgleich funktional sinnvoll separiert, sind die verschiedenen Zonen des Erdgeschosses durchgängig konzipiert und durch lange Blickachsen zusammen erlebbar.

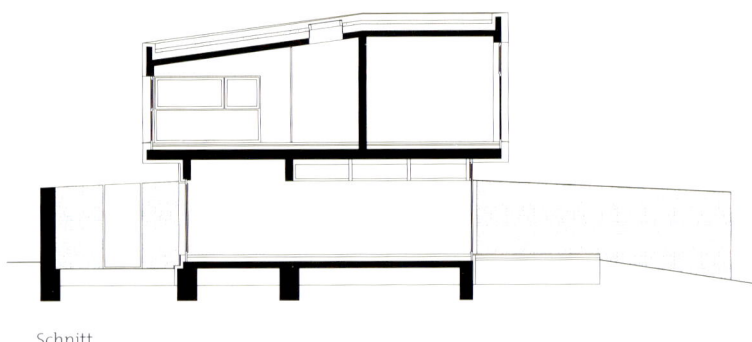

Schnitt

für die Eingangsseite und bewahrt das südseitige Erdgeschoss vor sommerlicher Überhitzung. Diese Funktion übernehmen auf der oberen Wohn- und Schlafebene außen liegende Aluminium-Jalousetten.

Einraumstruktur und Innenarchitektur mit Charakter

Die Eingangsebene ist abgesehen vom nordseitigen Pufferbereich mit untergeordneten Funktionsräumen als ein großer Raumzusammenhang konzipiert und lediglich durch Treppe und Wandscheiben rhythmisiert und in Zonen unterteilt. Vom Eingang aus geht es in den Ess-, von dort in den Wohnbereich, ganz am östlichen Ende des Raums befindet sich der Wohnraum mit Bibliothek und individuell geplantem Kamin, der mit seiner Leistung von 11 kW sehr effektiv zur Erwärmung der Räume an kalten Tagen beiträgt. Ansonsten stehen als Wärmeproduzenten eine Erd-Wärmepumpe und Solarkollektoren zur Verfügung, ein Erdwärmetauscher temperiert die angesaugte Frischluft.

Nicht nur die Aussicht nach Süden, sondern auch die vielfachen Durchblicke zwischen den Teilbereichen tragen ihren Teil zum Entstehen eines ausgesprochen großzügigen Raumeindrucks bei. Im Obergeschoss wurde in der Nordost-Ecke ein Büro untergebracht, das durch Öffnung seiner Schiebetüren zum Teil des übrigen Raums wird. Separate Räume sind im Grunde nur das Elternschlafzimmer und die beiden Kinder- beziehungsweise Jugendzimmer, die durch ihre panoramartigen Glasflächen den allerschönsten Blick in die Landschaft haben.

OBEN_ Eines der Jugendzimmer mit weitem Blick in die Landschaft und auf den Main.

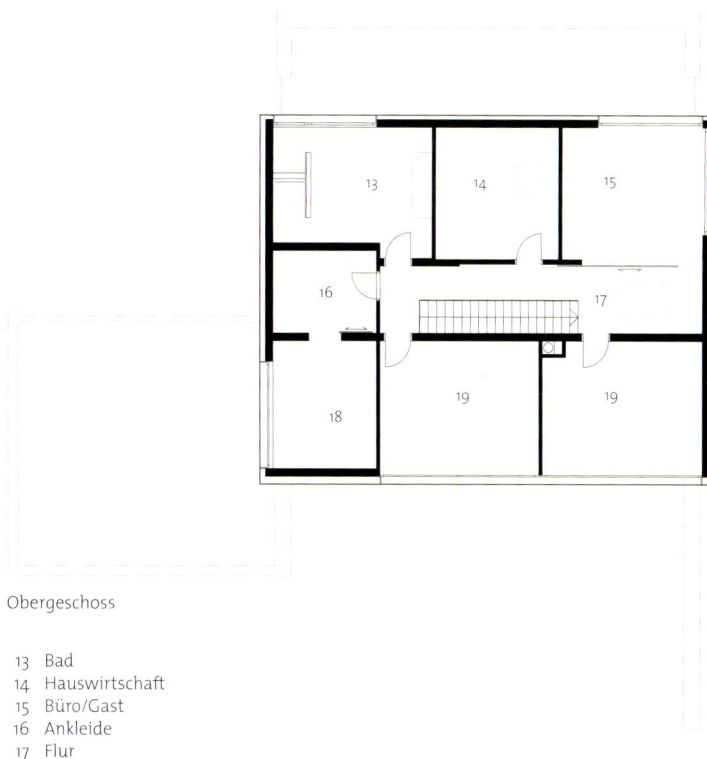

Obergeschoss

13 Bad
14 Hauswirtschaft
15 Büro/Gast
16 Ankleide
17 Flur
18 Schlafen
19 Kind

BAUDATEN

STANDORT_ Bei Haßfurt/Unterfranken

BAUZEITRAUM_ 2008 (10 Monate)

WOHNFLÄCHE GESAMT_ 189 m² zuzüglich 50 m² Terrassen

ENERGIEBEZUGSFLÄCHE (NACH PHPP)_ 279 m²

THERMISCHE HÜLLE_ 606 m²

BRUTTORAUMINHALT (BRI)_ 1.227 m³ (1.032 m³ beheizter Bereich, 195 m³ unbeheizter Bereich)

GRUNDSTÜCKSGRÖSSE_ 765 m²

BAUWEISE/DÄMMUNG GEBÄUDEHÜLLE_ Erdgeschoss und Obergeschoss Ziegelmauerwerk gedämmt, Bodenplatte und Dachdecke Stahlbeton gedämmt

VERGLASUNGEN_ Dreischeibige Passivhausverglasungen (U_g-Wert: 0,5 W/(m²K))

ENERGIEKONZEPT_ Optimale passive Solarenergienutzung bei optimaler Gebäudeausrichtung, kontrollierte Be- und Entlüftung mit Wärmerückgewinnung (90 %), Sole-Wärmepumpe mit Vorheizregister (Erdwärmekollektor), hoch gedämmte Gebäudehülle, wärmebrückenfreie Planung, sehr gute Luftdichtheitswerte, hoch effiziente Dämmung

ENERGIESTANDARD_ Niedrigstenergiehaus

HEIZENERGIEBEDARF/JAHR (BERECHNET NACH PHPP)_ 31,1 kWh/m²

PRIMÄRENERGIEBEDARF/JAHR (FÜR HEIZUNG, WARMWASSER, HILFS- UND HAUSHALTSSTROM; BERECHNET NACH PHPP)_ 31,85 kWh/m²

LUFTDICHTHEIT N50_ 0,60 /h

BAUKOSTEN_ Keine Angaben

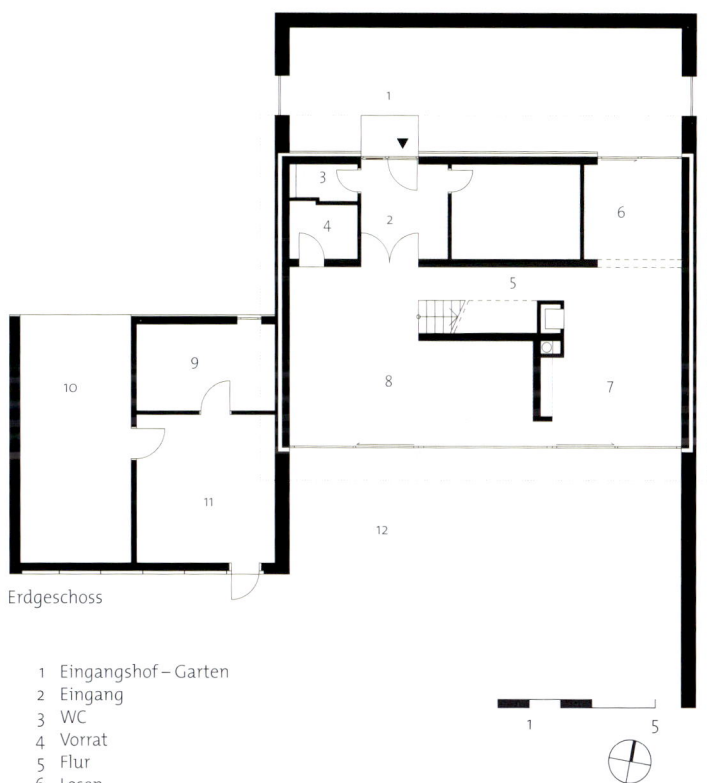

Erdgeschoss

1 Eingangshof – Garten
2 Eingang
3 WC
4 Vorrat
5 Flur
6 Lesen
7 Wohnen
8 Kochen & Essen
9 Technik
10 Garage
11 Lager
12 Terrasse

13 Doppelhaushälfte mit warmem Mantel

Ein Passivhaus in alter Siedlungsstruktur von Rostock

PLANUNG_ Matrix
Architektur, Rostock/
Christian Blauel,
Architekt BDA

In einem lange Zeit fast vergessenen, nun wieder in Wert gesetzten Siedlungsgebiet von Rostock entstand ein Doppelhaus in Passivhausstandard, das die alten baulichen Traditionen aufgreift und mit dem natürlichen Umfeld lebt. Das ehemalige Fischerviertel mit den schmalen Parzellen und Häusern, auf deren Flussseite der Fang verarbeitet wurde, wird mit zeitgemäßen und zugleich ökologischen Gebäuden zu neuem Leben erweckt. Christian Blauel von Matrix Architektur verwirklichte hier zwei im Äußeren sehr unterschiedlich auftretende, hinsichtlich ihres Innenlebens aber weitgehend einheitlich geplante Baukörper, deren massives Sockelgeschoss Überschwemmungen trotzt und dessen Bau- und Energiekonzept ganz von heute ist.

Die zeitgemäße Variante des Fischerhauses

Die zur Straße und zum Fluss sehr schmalen, dafür aber über drei Geschosse reichenden Baukörper mit Pfahlgründung greifen den Bautypus der früheren Fischerhäuser auf und übersetzen ihn der Vielfalt traditioneller Bauformen entsprechend in verschiedene Ausformungen der Fassaden – Naturholz und gelbe Putzfassade einerseits, rote Putzfassade und Metall andererseits – und Gebäudehöhen. Gemeinsam ist jedoch die Mischbauweise mit dem untersten Geschoss in Stahlbeton-/Ziegelmauerwerk und den oberen Geschossen in Mischbauweise aus Kalksandstein und Holz, die holzverschalte Hälfte bringt es sogar auf Passivhausstandard. Die Dämmung der äußeren Hülle erfolgte mittels nachhaltiger, ökologisch optimierter Baustoffe wie eingeblasenen Zelluloseflocken und Holzweichfaserplatten.

LINKS_ Nach Süden öffnen sich die Häuser mit großen Glasfassaden zum Garten und zur Sonne.

RECHTE SEITE_ Die Wohngeschosse befinden sich im Obergeschoss – das Erdgeschoss kann bei Hochwasser überschwemmt werden und wird daher nur als Garage und Werkstatt genutzt. Die Holzfassade besteht aus unbehandeltem Lärchenholz.

Energieoptimiert wohnen zu geringsten Kosten

Die genaue und effiziente Bautechnik mit hoher Luftdichtheit, Vermeidung von Wärmebrücken und Passivhausverglasungen, konsequenter Südausrichtung mit dort entsprechend großen Scheiben sowie eine kontrollierte Lüftung mit Wärmerückgewinnung führen zu einem äußerst geringen Energieverbrauch für die Heizung und Warmwasserbereitung, damit pro Jahr je Doppelhaushälfte Kosten von nur etwa 300 Euro. Neben einer Wasser-Wasser-Wärmepumpe, die die Wärme aus dem Wasser eines Brunnens im Garten zieht, wird in Zukunft auch ein raumluftunabhängig betriebener Kamin seine Wärme nicht nur an den Raum, sondern auch in den Pufferspeicher einspeisen. Die Bildung von »kalten« Zonen (Eingang/Erschließung/Treppe) im Norden und »warmen« Zonen im Süden (Wohnräume) unterstützt das Passivhauskonzept in seiner Wirksamkeit. Die integrierte, gelb akzentuierte Einliegerwohnung garantiert zudem vielfältige Nutzbarkeit, im Augenblick wird sie als Keramik-Atelier- und Galerie genutzt.

LINKS_ Klare Formen und natürliche Materialien prägen den Innenausbau: Lehmputz, pigmentierte Kreidefarben, Naturholz.

GANZ OBEN_ Wohnetage im ersten Obergeschoss – großzügige Wohnküche mit gemauertem Küchenblock

OBEN_ Von Süden flutet Licht durch die Räume. Die innen liegende Treppe ist um einen massiven Kern angeordnet.

1 Eingang
2 Abstellraum
3 Hobbyraum
4 Garage
5 Treppe
6 Flur
7 Kochen/Essen

8 Technik
9 Bad/WC
10 Wohnen
11 Balkon
12 Schlafen
13 Kind

BAUDATEN

STANDORT_ Rostock/Mecklenburg-Vorpommern

BAUZEITRAUM_ 2005–2006

WOHNFLÄCHE GESAMT_ 160 m² zuzüglich 80 m² Nutzfläche, 15 m² Terrasse

ENERGIEBEZUGSFLÄCHE (NACH PHPP)_ 170 m²

BRUTTORAUMINHALT (BRI)_ 1050 m³ (davon 650 m³ beheizter Bereich, 400 m³ unbeheizter Bereich)

GRUNDSTÜCKSGRÖSSE_ 365 m²

BAUWEISE/DÄMMUNG GEBÄUDEHÜLLE_ Erdgeschoss Massiv (Stahlbeton und Zieglemauerwerk), Ober- und Dachgeschoss Holzrahmenbauweise und Kalksandstein, Dämmung von Dach und Wänden mit Zellulose und Holzfaserdämmplatten

VERGLASUNGEN_ Dreischeibige Passivhausverglasungen (U_g-Wert: 0,7 W/(m²K))

ENERGIEKONZEPT_ Optimale passive Solarenergienutzung bei optimaler Gebäudeausrichtung, kontrollierte Be- und Entlüftung mit Wärmerückgewinnung (85 %) und Erdkollektor, Wasser-Wasser-Wärmepumpe mit 18 m tiefem Brunnen, Integrierung von raumluftunabhängigem Kaminofen vorbereitet, hoch gedämmte Gebäudehülle, wärmebrückenfreie Planung, sehr gute Luftdichtheitswerte, hoch effiziente Dämmung

ENERGIESTANDARD_ Passivhaus (nach PHPP)

HEIZENERGIEBEDARF/JAHR (BERECHNET NACH PHPP)_ 14,2 kWh/m²

PRIMÄRENERGIEBEDARF/JAHR (FÜR HEIZUNG, WARMWASSER, HILFS- UND HAUSHALTSSTROM; BERECHNET NACH PHPP)_ 36,9 kWh/m²

LUFTDICHTHEIT N50_ 0,6/h

BAUKOSTEN (GESAMT BRUTTO, INKL. ALLER HONORARE, STEUERN UND NEBENKOSTEN, OHNE ARCHITEKTENHONORAR)_ ca. 330 000 Euro

14 Lektion in Sachen Nachhaltigkeit

Ein ökologisches Minergie-P-Haus im Kanton Thurgau

PLANUNG_Bauatelier Metzler GmbH, Hüttwilen (Schweiz)

Ein kleiner Ort im Schweizer Kanton Thurgau ist der Schauplatz für ein zukunftsweisendes Wohnhaus, bei dem der Architekt Thomas Metzler sein Wissen über Architektur, Energieeffizienz und nachhaltige Baustoffe bündeln konnte. Bei diesem Vorzeigeprojekt in Sachen nachhaltigem Bauen handelt es sich um das eigene Wohnhaus, in dem der Planer zusammen mit seiner Frau und seinen Kindern lebt. Die offene Landschaft mit einem genau gegenüber ansteigenden Weinberg ist die perfekte Bühne für das extrem sparsam mit Energie umgehende und bewusst auf nachwachsende Rohstoffe mit hoher Qualität setzende Gebäude. Der gerechte Lohn dafür war die Auszeichnung mit dem Thurgauer Energiepreis 2008.

Leben mit der Sonne

Aus Energiespargründen bleibt die lange, nördliche Eingangsseite bis auf die Haustüre und ein kleines Fenster, das zur Belichtung des Badezimmers dient, vollkommen geschlossen. Für optimale Dämmung sorgt eingeblasene Zellulose, die vorhandene Hohlräume lückenlos auffüllt. Auf seinem betonierten Untergeschoss streckt sich das Haus der Familie Metzler mit seiner oberen, in Holzbauweise erstellten Etage dem südlich gelegenen Tal entgegen und sammelt so die kalte Jahreszeit über fleißig Sonnenwärme – die wirkungsvollste »Heizung« des Gebäudes. An besonders kalten Tagen tritt zusätzlich der im Untergeschoss eingebaute Cheminéeofen in Betrieb, der mit Scheitholz befeuert wird. So bleibt man von Preisschwankungen beim Heizöl völlig unabhängig.

Das Wohngeschoss besitzt südseits eine unter das Dach eingezogene, sich über die gesamte Südfassade erstreckende Loggia mit großem Balkon, auf dem bei jedem Wetter gesessen und auch gespielt werden kann. Eine feingliedrige Fichtenholzschalung ummantelt das

LINKS_Der fast 21 Meter lange und auch sehr tiefe Balkon ist nicht nur witterungsgeschützter Aufenthaltsplatz, sondern auch effizienter Überhitzungsschutz im Sommer.

OBEN_Der Blick von Nordwesten zeigt, dass die Eingangsseite aus energetischen Gründen kaum Fassadenöffnungen aufweist. Die horizontale Lattung lässt von Westen Sonnenstrahlen durch.

RECHTE SEITE_Ansicht des Einfamilienhauses von Südwesten.

LINKE SEITE_Essplatz und Küche sind einander auf der Westseite des Erdgeschosses direkt zugeordnet. Die Fassadenlattung ist hier so weit geöffnet, dass von Westen das Licht und die Abendsonne hereinscheinen können.

OBEN_Perfektes Raum- und Farbengefühl im Ess-, Koch- und Wohnraum. Hinter der mit farbigen Spanplatten gestalteten Regalwand mit Sitznische führt der Flur zu den einzelnen Zimmern der Eltern und Kinder.

Obergeschoss. Nach Osten und Westen sind die Leisten parziell lichtdurchlässiger gestaltet, um natürlichen Sonnen- und Sichtschutz zu gewährleisten und im Winter die Strahlen der dann tiefer stehenden Sonne passieren zu lassen und so den Wohnraum auch von diesen Seiten zusätzlich erwärmen zu können.

Grundriss mit Offenheit und hoher Funktionalität

Auf der Eingangsebene befinden sich alle notwendigen Funktionen: Strukturell viergeteilt, finden sich zunächst der hangseitige Eingang mit Erschließungszone, dann die Einzelräume mit Kinder- und Schlafzimmern sowie Bad, als letzte »Innenraumzone« dann der Wohn-, Ess- und Kochbereich. Die Innenarchitektur mit in unterschiedlicher Farbigkeit gestalteten Wandverschalungen und Einbaumöbeln aus OSB-Platten ist nicht nur sehr gelungen, sondern auch kostengünstig. Eine Etage darunter steht in einem wunderschönen, riesigen Raum mit 96 Quadratmetern Fläche reichlich Platz für inspiriertes Arbeiten zur Verfügung.

OBEN_Perfekt umgesetztes Einraumkonzept im loftartigen Untergeschoss, das in erster Linie als Büro genutzt wird.

Obergeschoss

Erdgeschoss

1   5

BAUDATEN

STANDORT_ Bei Frauenfeld/Kanton Thurgau

BAUZEITRAUM_ 2005 (5 Monate)

WOHNNUTZFLÄCHE GESAMT_ 268 m² (zuzüglich 65 m² Balkon und Terrassen

ENERGIEBEZUGSFLÄCHE (NACH MINERGIE-P)_ 327 m²

THERMISCHE HÜLLE_ 600 m²

BRUTTORAUMINHALT (BRI)_ 1.350 m³ (1200 m³ beheizter Bereich, 150 m³ unbeheizter Bereich)

GRUNDSTÜCKSGRÖSSE_ 618 m²

BAUWEISE/DÄMMUNG GEBÄUDEHÜLLE_ Erdgeschoss als Holzelementbau, gedämmt mit eingeblasener Zellulose, Untergeschoss Stahlbeton, Bodenplatte gedämmt

VERGLASUNGEN_ Dreischeibige Passivhausverglasungen (U$_g$-Wert: 0,5 W/(m²K))

ENERGIEKONZEPT_ Optimale passive Solarenergienutzung bei optimaler Gebäudeausrichtung, kontrollierte Be- und Entlüftung mit Wärmerückgewinnung (85 %)

und Erdwärmetauscher, Scheitholz-Cheminéeofen im Ateliergeschoss, hoch gedämmte Gebäudehülle, wärmebrückenfreie Planung, sehr gute Luftdichtheitswerte, hoch effiziente Dämmung

ENERGIESTANDARD_ Minergie-P

HEIZENERGIEBEDARF/JAHR (BERECHNET NACH MINERGIE-P)_ 12,8 kWh/m²

PRIMÄRENERGIEBEDARF/JAHR (FÜR HEIZUNG, WARMWASSER, HILFS- UND HAUSHALTSSTROM; BERECHNET NACH MINERGIE-P)_ 24,8 kWh/m²

LUFTDICHTHEIT N50_ 0,1 /h

BAUKOSTEN (GESAMT BRUTTO, INKL. ALLER HONORARE, STEUERN UND NEBENKOSTEN)_ ca. 600.000 sFr

15 Landschaftsverbunden, ökologisch, energieeffizient

Ein Minergie-P-Eco-Haus im Appenzellerland

PLANUNG_Bauatelier
Metzler GmbH, Hüttwilen
(Schweiz)

Der Fassadenschirm an den Giebelseiten erinnert an traditionelle Bauten, wie sie in unmittelbarer Umgebung und im Appenzellerland überhaupt noch häufig anzutreffen sind. Dies gilt für die Form wie auch die Materialität, denn hier wie dort waren Verbretterungen beziehungsweise Verschindelungen der Wetterseiten oder auch der gesamten Fassaden weithin üblich. Auch ansonsten, etwa hinsichtlich der Kubatur, Dachneigung und Dachüberstände, zeigt sich das neu errichtete Energiesparhaus von Katharina Antonietti und Heini Baumgartner den Vorbildern eng verbunden. Inmitten eines großen Wiesengrundstücks am Ortsrand errichtet, fährt der Besucher von Südwesten auf das Haus zu. Eine leuchtend rote Holzkassetten-Fassade, vielfältig kolorierte Schmetterlinge an der Dachuntersicht und ebensolche im naturnahen Traumgarten lassen schon bei der ersten Annäherung das Herz aufgehen.

Wohltuendes Äußeres und Innenleben im ersten Minergie-P-Eco-Einfamilienhaus

Ein in Sichtbeton markierter Eingang weist bei aller Naturnähe drauf hin, dass hier die moderne Architektursprache keineswegs vergessen, sondern in einen kreativ neuen Kontext gesetzt worden ist. Links des Entrees dockt der wie bei den alten Heidenhäusern unter einem First angeschlossene, jedoch themisch vom Wohnhaus getrennte Garagen- und Werkstattblock an, in dessen Obergeschoss eine charmante Sonnenterrasse integriert ist. Die Räume geben sich, etwa durch gestrichenen Estrich als Bodenbelag und Holzwerkstoff-Platten als Wandinnensichten, puristisch – nicht jedoch, weil es als schick empfunden wurde, sondern weil die Bauherren klarer Innenarchitektur ebenso aufgeschlossen gegenüberstehen wie ihr Architekt. Vor allem aber verstand es Thomas Metzler, durch eine strikt Energie sparende und auch dezidiert ökologische Bauweise hohe Aufenthalts-

OBEN_Gesamtansicht des Hauses von Südwesten mit Garagen- und Werkstattteil im Vordergrund.

RECHTE SEITE OBEN_ Die der Werkstatt vorgelagerte Dachterrasse. Der Sandsteinboden speichert die Wärme der Abendsonne. Mittels einer Falltüre kann die westliche Werkstattwand zur Terrasse hin geöffnet werden.

RECHTE SEITE UNTEN_ Südansicht des Gebäudes mit dem Eingangsbereich. Die Fassade des Wohntrakts ist in traditioneller Holzbauweise ausgebildet und mit roter Ölfarbe gestrichen.

qualität zu schaffen. Das Gebäude übertraf mit einem Heizenergieverbrauch von 15 kWh je Quadratmeter und Jahr sogar die planerischen Ziele, Gleiches galt für den Primärenergiebedarf und die Luftdichtheitswerte. Um darüber hinaus als erstes Einfamilienhaus mit dem Minergie-P-Eco-Label für ganzheitlich ökologisches Bauen ausgezeichnet zu werden, wurden Produkte aus nachwachsenden Rohstoffen und regionaler Herkunft eingesetzt, die zusammen mit der automatischen Be- und Entlüftung für ein ausgesprochen angenehmes Wohnraumklima sorgen. Die 55 Zentimeter starken Holzständer-Wände erhielten einen bei Kälte wie Hitze optimal dämmenden Mantel aus eingeblasener Zellulose. An ökologischen Kriterien waren ferner ein sehr niedriger Einsatz grauer Energie (z.B. für Produktion und Transport von Materialien), eine gute Wiederverwertbarkeit der eingesetzten Produkte und eine strenge Schadstoffprüfung notwendig. So kamen für den Bau des Hauses ausschließlich Holzwerkstoffplatten ohne Formaldehyd und schadstofffreie Anstriche zum Einsatz. Es entstand das perfekte nachhaltige Haus!

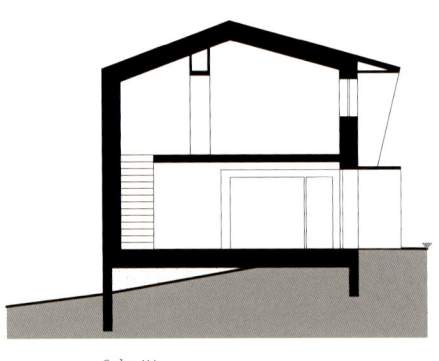

Schnitt

OBEN_ Blick auf den Eingangsbereich von Südwesten mit
wunderschönem Naturgarten
und Sonnenblumenbeet

GANZ OBEN_ Die vom Architekten
aufgemalten Schmetterlinge
nehmen Bezug auf die traditionelle
Appenzeller Schabloniertechnik
und unterstreichen den naturver-
bundenen Charakter des Hauses.

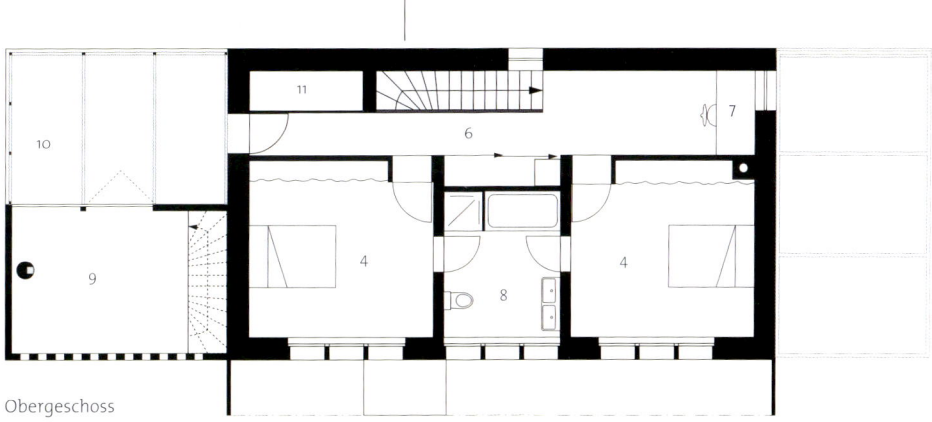

Obergeschoss

1 Eingang
2 Kochen/Essen/Wohnen
3 Dusche/WC
4 Zimmer
5 Garage
6 Flur
7 Arbeitsplatz
8 Bad
9 Werken/Pergola
10 Terrasse
11 Technik

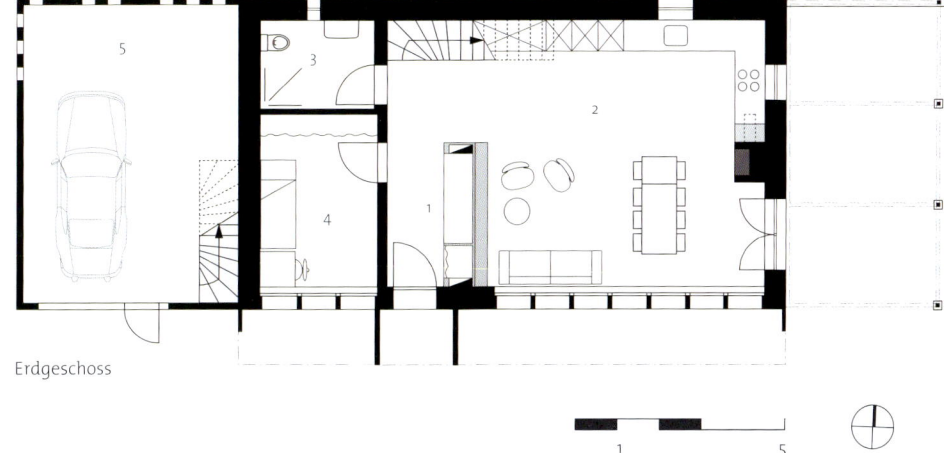

Erdgeschoss

1   5

BAUDATEN

STANDORT_ Appenzellerland (Schweiz)

BAUZEITRAUM_ 2007–2008 (8 Monate)

WOHNFLÄCHE GESAMT_ 140 m² zuzüglich 17 m² Terrassen

ENERGIEBEZUGSFLÄCHE (NACH MINERGIE-P)_ 60 m² Werkstatt

THERMISCHE HÜLLE_ 300 m²

BRUTTORAUMINHALT (BRI)_ 940 m³ (800 m³ beheizter Bereich, 140 m³ unbeheizter Bereich)

GRUNDSTÜCKSGRÖSSE_ 750 m²

BAUWEISE/DÄMMUNG GEBÄUDEHÜLLE_ Holzständerbauweise, Dämmung von Außenwänden und Dächern aus eingeblasener Zellulose, betonierte Bodenplatte gedämmt

VERGLASUNGEN_ Dreischeibige Passivhausverglasungen (U$_g$-Wert: 0,5 W/(m²K))

ENERGIEKONZEPT_ Passive Solarenergienutzung bei optimaler Gebäudeausrichtung, kontrollierte Be- und Entlüftung mit Wärmerückgewinnung (85 %), Kompakt-Wärmepumpe mit Vorheizregister (Erdwärmekollektor), im Wohnbereich aufgestellter Holzscheitofen, hoch gedämmte Gebäudehülle, wärmebrückenfreie Planung, sehr gute Luftdichtheitswerte, hoch effiziente Dämmung

ENERGIESTANDARD_ Minergie-P-Eco

HEIZENERGIEBEDARF/JAHR (BERECHNET NACH MINERGIE-P)_ 9,4 kWh/m²

PRIMÄRENERGIEBEDARF/JAHR (FÜR HEIZUNG, WARMWASSER, HILFS- UND HAUSHALTSSTROM; BERECHNET NACH MINERGIE-P)_ 26,1 kWh/m²

LUFTDICHTHEIT N50_ 0,25 /h

BAUKOSTEN_ Keine Angaben

16 Zum Licht

Ein zertifiziertes Minergie-P-Eco-Haus bei St. Gallen

PLANUNG_Bauatelier
Metzler GmbH, Hüttwilen
(Schweiz)
PROJEKTMITARBEIT_Beat
Huber

Beim Bau eines Energiesparhauses spielt häufig die Energieeffizienz im Betrieb eine sehr wichtige, diejenige bei der Erstellung dagegen eine sehr geringe Rolle. Dabei ist ein Gebäude umso nachhaltiger, je umweltschonender es entstanden ist. Das schweizerische Minergie-P-Eco-Label berücksichtigt auch die für die Erzeugung und den Transport der Bauprodukte sowie auf der Baustelle eingesetzte Energie und setzt Schadstoff-Grenzwerte für die Werkstoffe. Das war den Bauherren des neuesten Projekts von Architekt Thomas Metzler nicht zuletzt deshalb so wichtig, da sie als Eltern zweier kleiner Söhne besonderen Wert auf eine gute Qualität des Raumklimas legen.

Die Ausnahme vom rechten Winkel

Neben den besonderen ökologischen Kriterien erfüllt das Haus selbstverständlich alle für ein Niedrigstenergiehaus selbstverständlichen Kriterien – unter anderem eine hervorragende Dämmung, sehr gute Luftdichtheitswerte und eine bestmögliche Ausrichtung. Damit an den kalten Tagen des Jahres durch die Verglasungen so effizient wie möglich Wärme getankt werden kann, richtete der Architekt die beiden zum Garten orientierten Fassaden so zur Sonne aus, dass deren Strahlen optimal in die Wohnräume fallen können. So weiten sich auch der Wohnbereich und die Küche auf, was dem Raumeindruck eine zusätzliche Großzügigkeit schenkt. Im Sommer sorgen die kastenartigen Konstruktionen der Außenwandöffnungen zusammen mit ihren tiefen Laibungen für konstruktiven Sonnenschutz, der durch die Schiebeläden vervollständigt wird. Die Vordachkonstruktion am Eingang, die ebenso wie der Schopfanbau auf der Westseite mit vertikalen roten Latten abgesetzt ist, dient lediglich als Witterungsschutz. Nach Norden gewährleisten wenige, kleine Fenster und eine Zone mit untergeordneten Funktionen die geforderte hohe Energieeffizienz.

LINKS_Blick über das östliche Hauseck mit vorgelagertem Naturgarten. Die rhythmische Anordnung von Kastenfenstern und Schiebeläden ist hier sehr gut abzulesen.

OBEN_Ansicht des Hauses von Nordwesten mit dem vorgelagerten Carport und Geräteraum, dessen Fassade mit senkrechten Dachlatten auf rotem Grund ausgeführt worden ist.

RECHTE SEITE_Nach Süden orientiert, sammelt das Gebäude in der kalten Jahreszeit reichlich Sonnenstrahlen. Das Rankgerüst wird bei vollständigem Bewuchs zum Schattenspender für Terrasse und Haus.

Großzügig und wohngesund

Um das Platzangebot bestmöglich auszunutzen, verzichtete man auf einen deutlich abgegrenzten Eingangsbereich. Vielmehr übernimmt ein Multifunktionseinbau einerseits die Aufgaben einer Garderobe und eines Regals – sogar mit integrierter Kletterwand – sowie einer Treppe, andererseits die eines großen Küchenschranks. Als Wandinnensichten kommen Grobspanplatten zum Einsatz, die die strengen wohngesundheitlichen Minergie-P-Eco-Grenzwerte einhalten und natürlich frei von Formaldehyd sind. Die Oberflächen dieser Holzwerkstoffe sind mit ökologischen Farben in Weiß und Rot gestrichen worden, als Bodenbelag fungiert der lediglich geschliffene, jedoch fast terrazzoartig wirkende Estrich, der die Wärme bestens speichern kann.

LINKS_ Die Lochungen der Treppen- und Kletterwand erzeugen außergewöhnliche Lichtspiele.

OBEN_ Blick durch den Ess- zum Kochbereich. Hinten ein Teil der 10 Meter langen Küchenzeile

1   Eingang
2   Dusche/WC
3   Technik/Hauswirtschaft
4   Wohnen
5   Essen
6   Kochen
7   Schopf
8   Garage
9   Bad
10 Büro
11 Zimmer

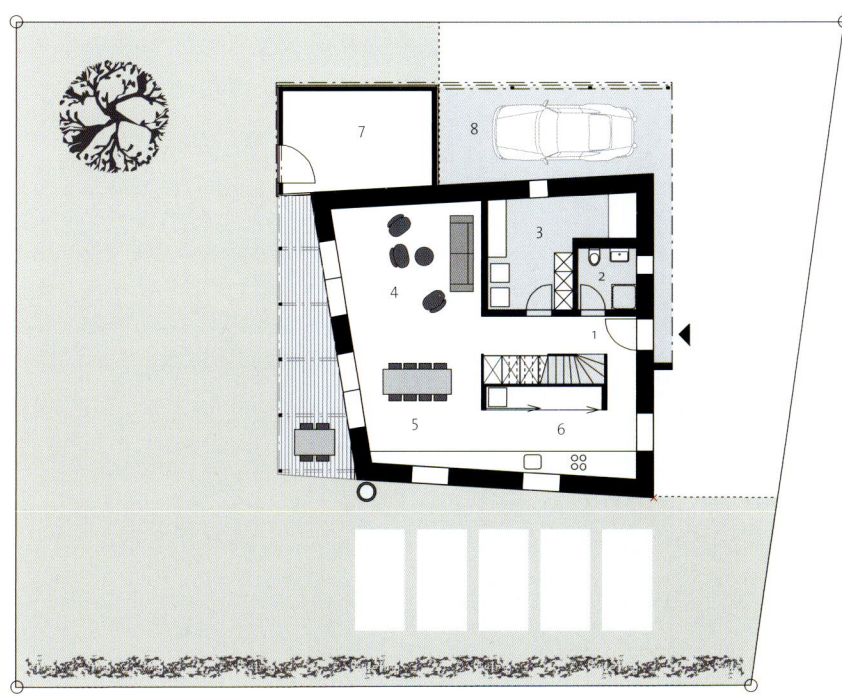

Erdgeschoss

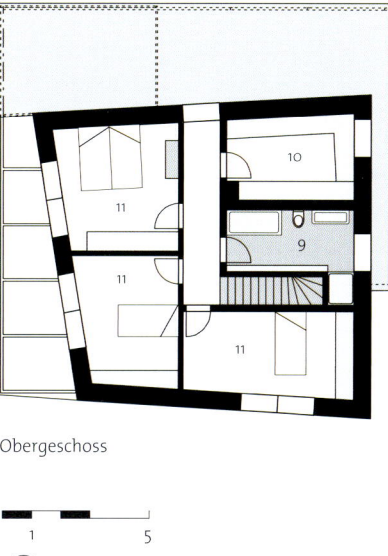

Obergeschoss

1   5

BAUDATEN

STANDORT_ Bei Wil – St. Gallen

BAUZEITRAUM_ 2008–2009 (8 Monate)

WOHNFLÄCHE GESAMT_ 160 m² zuzüglich 17 m²
Nebengebäude, 20 m² Terrassen

ENERGIEBEZUGSFLÄCHE (NACH MINERGIE-P)_ 199,8 m²

THERMISCHE HÜLLE_ 450 m²

BRUTTORAUMINHALT (BRI)_ 980 m³ (510 m³ beheizter Bereich,
470 m³ unbeheizter Bereich)

GRUNDSTÜCKSGRÖSSE_ 700 m²

BAUWEISE/DÄMMUNG GEBÄUDEHÜLLE_ Holzständerbauweise
mit 42 cm Zellulosedämmung

VERGLASUNGEN_ Dreischeibige Passivhausverglasungen
(U_g-Wert: 0,5 W/(m²K))

ENERGIEKONZEPT_ Optimale passive Solarenergienutzung
bei optimaler Gebäudeausrichtung, kontrollierte Be-
und Entlüftung mit Wärmerückgewinnung (85 %) hoch
gedämmte Gebäudehülle, wärmebrückenfreie Planung,
sehr gute Luftdichtheitswerte, hoch effiziente Dämmung

ENERGIESTANDARD_ Minergie-P-Eco-Haus

PRIMÄRENERGIEBEDARF/JAHR (FÜR HEIZUNG,
WARMWASSER, KOMFORTLÜFTUNG;
BERECHNET NACH MINERGIE-P)_ 26,7 kWh/m²

LUFTDICHTHEIT N50_ 0,09/h

BAUKOSTEN_ Keine Angaben

17 Aus der Landschaft gewachsen

Ein Niedrigstenergie-Ökohaus im Ruhrgebiet

PLANUNG_ Riek Architektur/ Detlef Riek, Mülheim a.d. Ruhr

Die Parzelle am Rande eines Siedlungsgebiets war wie geschaffen für die Bauherren, die den direkten Kontakt zur Natur schätzen: An einem Hang mit altem Baumbestand gelegen, bieten sich wunderschöne Ausblicke in die Landschaft. Um diese auch angemessen in Szene zu setzen, entwarf der Architekt Detlef Riek auf Vermittlung von RoomDoctor® ein hoch aufragendes, turmartiges Gebäude mit drei Geschossen und Dachterrasse, das sich in der Materialität perfekt an seine Umgebung angepasst hat.

Ein Haus wie ein Holzturm

Die Fassade aus massiver, unbehandelter Lärche erstreckt sich über alle drei Ebenen und bezieht den Eingangsbereich mit ein. Die übrigen Geschosse sind auf dem in WU-Beton errichteten Untergeschoss in leichter, ökologisch gedämmter Holz-Rahmenbauweise errichtet worden, die sich hervorragend zur Vorfertigung eignet. Auch die Innenarchitektur ist wohltuend von natürlichen Werkstoffen geprägt: Die sichtbar gehaltenen Brettstapeldecken zählen ebenso dazu wie massive, nur geölte Bodenbeläge aus Holz und Lehmputze. All dies trägt zusammen mit der hoch diffusionsoffenen Gesamtkonstruktion, der ökologischen Einblasdämmung aus Zelluloseflocken und den mit niedrigen Vorlauftemperaturen arbeitenden Wand- und Fußbodenheizungen zum ausgeglichenen, angenehmen Raumklima bei.

Außergewöhnliches Energiekonzept im Niedrigstenergiehaus

Die Energieversorgung erfolgt über verschiedene Quellen: Neben einer Wärmepumpe und Solarkollektoren, die der Heizungsunterstützung und Warmwasserbereitung dienen, ist auch eine ausgesprochen innovative Komponente eingebaut worden, die Nutzung des

LINKS_ Die Eingangsseite mit der über Eck geführten Lärchenholzfassade.

OBEN_ Die Dachterrasse mit Blick auf das angrenzende Naturschutzgebiet.

RECHTE SEITE_ Ansicht der Süd- und Westfassade mit den beiden Terrassen.

GANZ OBEN_ Blick in den Kochbereich, links die Treppe zum Dachgeschoss.

OBEN_ Der Essplatz ist direkt der Südfassade zugeordnet.

RECHTE SEITE_ Blick durch den Wohnbereich zur Küche. Links ein Bullerjan-Ofen mit in den Fußboden eingelassener Stahlplatte.

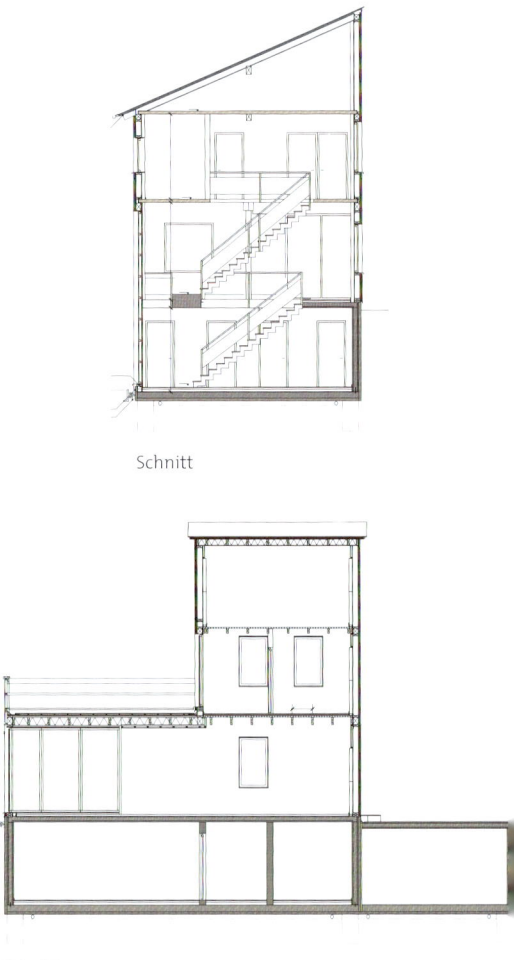

Schnitt

Schnitt

Regenwassers. In einem Erdspeicher vorgehalten, wird dort die überschüssige Wärme der Kollektoren eingespeist und bedarfsgerecht wieder an das Heizungssystem abgegeben. Eine separate Regenwasserzisterne sammelt die restlichen anfallenden Niederschläge. Ansonsten kommt insbesondere über die große Übereckverglasung am Südwesteck des Wohngeschosses reichlich kostenfreie Sonnenwärme ins Haus, die zur Winterzeit insbesondere bei Sonnenschein erheblich zur Erwärmung der Innenräume beiträgt. Ansonsten und insbesondere nordseits ging man, wie bei Energiesparhäusern üblich, sehr sparsam mit Fassadenöffnungen um, was den homogenen und skulpturalen Charakter des Bauwerks noch unterstreicht.

OBEN_ Das Badezimmer im Obergeschoss. Die Wände der Dusche sind mit Kautschuk ausgekleidet.

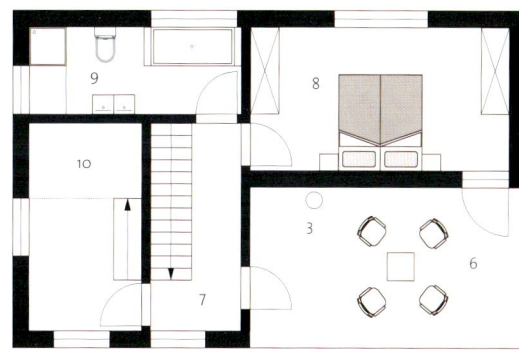

Obergeschoss

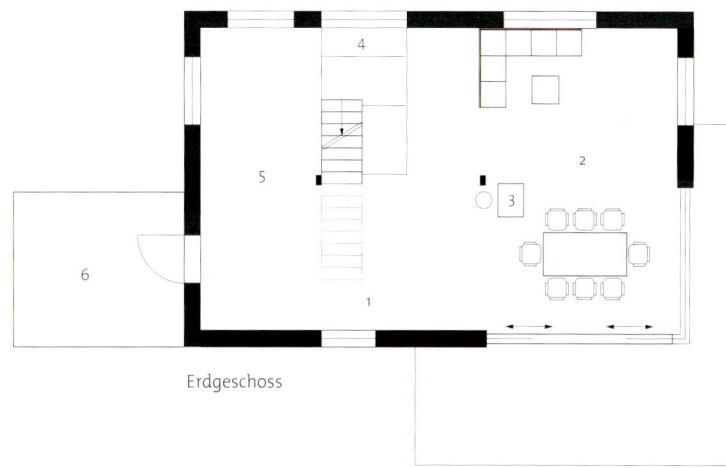

Erdgeschoss

BAUDATEN

STANDORT_ Ruhrgebiet/Nordrhein-Westfalen

BAUZEITRAUM_ 2008 (7 Monate)

WOHN- UND NUTZFLÄCHE GESAMT_ 155 m² zuzüglich 45 m²
Terrassen

ENERGIEBEZUGSFLÄCHE (NACH PHPP)_ 223 m²

THERMISCHE HÜLLE_ 494 m²

BRUTTORAUMINHALT (BRI)_ 697 m³ (647 m³ beheizter Bereich,
50 m³ unbeheizter Bereich)

GRUNDSTÜCKSGRÖSSE_ 580 m²

BAUWEISE/DÄMMUNG GEBÄUDEHÜLLE_ Holzrahmenbauweise
gedämmt, Untergeschoss Stahlbeton (WU-Beton)/Kalk-
sandstein (Innenwände)

VERGLASUNGEN_ Wärmeschutzverglasungen
(U_g-Wert: 1,1 W/(m²K))

ENERGIEKONZEPT_ Gute passive Solarenergienutzung bei
optimaler Gebäudeausrichtung, Sole-Wärmepumpe,
6 m² Solarkollektoren zur Heizungsunterstützung und
Warmwasserbereitung, Nutzung des Regenwassers
zur Energiegewinnung durch Erwärmung mittels
solarthermischer Überschüsse, hoch gedämmte
Gebäudehülle, wärmebrückenfreie Planung, hoch effiziente
Dämmung

ENERGIESTANDARD_ KfW-40-Haus

HEIZENERGIEBEDARF/JAHR (BERECHNET NACH PHPP)_
43,31 kWh/m²

PRIMÄRENERGIEBEDARF/JAHR (FÜR HEIZUNG,
WARMWASSER, HILFS- UND HAUSHALTSSTROM;
BERECHNET NACH PHPP)_ 39,60 kWh/m²

BAUKOSTEN (GESAMT BRUTTO, INKL. ALLER HONORARE
AUSSER ARCHITEKTENHONORAR, INKL. ALLER STEUERN UND
NEBENKOSTEN)_ 275.000 Euro

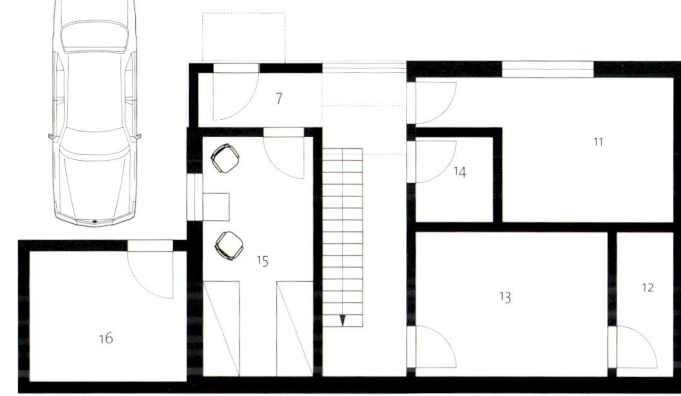

Untergeschoss

1   5

1   Eingang
2   Wohnen/Essen
3   Kamin
4   Luftraum
5   Kochen
6   Terrasse
7   Diele
8   Schlafen
9   Bad
10 Kind
11 Arbeit
12 HT
13 Lager
14 WC
15 Gast
16 Werkraum/Keller

18 Passivhaus trotz schwieriger Bauaufgabe

Ein energieoptimiertes Kleinhaus bei Mönchengladbach

PLANUNG_ RONGEN ARCHITEKTEN, Wassenberg (Nordrhein-Westfalen)

Kleine Häuser entstehen nur selten in Passivhaus-Standard, da nicht ganz einfach zu realisieren. Ihr Verhältnis von relativ kleiner Wohnfläche beziehungsweise Energiebezugsfläche zu den außenwand-, dach- und bodenberührten Flächen, der so genannten thermischen Hülle, macht es sehr schwierig, rechnerisch auf den geforderten Standard (Heizwärmebedarf von höchstens 15 kWh/m^2 pro Jahr) zu kommen. RONGEN ARCHITEKTEN ist dies mit ihrem Projekt eines zweigeschossigen Kleinhauses, das in Eigenregie verwirklicht und an einen Freund vermietet worden ist, dennoch sehr gut gelungen.

Große Fenster, optimierte Dämmung

Ein wichtiger Baustein der Planung war die bestmögliche passive Sonnenenergienutzung, die durch große Fensterflächen auf der Süd-, aber auch auf der Westseite ermöglicht wird. Damit die so gewonnene Wärme weitestgehend im Haus verbleibt und die Temperatur auf angenehmem Niveau gehalten werden kann, war neben der luftdichten Bauausführung auch eine besonders effiziente Dämmung der Gebäudehülle – also Dach, Außenwände, Bodenplatte – einschließlich hoch gedämmter Eingangstüre und Fenster notwendig. Ostseits direkt an die historische Stadtmauer angebaut, musste das dort vorhandene massive Ziegelmauerwerk mit einer zusätzlichen innen liegenden Dämmschicht versehen werden, im Übrigen kam 24 Zentimeter starkes, abschließend verputztes Porenbeton-Mauerwerk mit zusätzlicher Dämmung zum Einsatz. Bei der Eingangstür und den Verglasungen handelt es sich um dreischeibige, spezielle Holz-Fiberglas-Konstruktionen mit besonders guter Dämmwirkung.

OBEN_ Die rückwärtige Gebäudewand ist Bestandteil der historischen Stadtmauer.

RECHTE SEITE_Große Fensteröffnungen auf der Süd- und Westseite ermöglichen hohe passive Wärmegewinne und bieten von innen einen direkten Blickkontakt zu den Freiflächen.

Beste Raumwirkung auf kleiner Fläche

Die Haustür ist ein Unikat, dessen äußere Glasscheibe mit einem vom Sohn des Architekten entworfenen Ornament bedruckt worden ist. Die Tochter des Hauses entwarf ihrerseits das Muster des hinterleuchteten Badspiegels. So kamen bei aller bautechnischen Rafinesse gestalterische Details keineswegs zu kurz.

Die Raumwirkung erscheint weit großzügiger, als man bei der beschränkten Wohn- beziehungsweise Nutzfläche von insgesamt nur etwa 87 Quadratmetern annehmen würde. Dazu tragen die auf beiden Geschossen offenen Strukturen ohne Sichtbarrieren ebenso bei wie der unmerkliche Übergang zwischen drinnen und draußen, der sich vor allem den großen, gut gesetzten Glasflächen verdankt. Im Obergeschoss erweitert zusätzlich eine nach Süden orientierte Terrasse den Aufenthaltsraum ins Freie. Die dem Eingang zugeordnete gerade Treppe spart außerdem wertvollen Platz ein. Zur Wohlfühl-Atmosphäre tragen nicht zuletzt die allzeit angenehmen Temperaturen bei. Lediglich an sehr kalten Tagen kommt der im Erdgeschoss aufgestellte Pelletofen zum Einsatz.

OBEN_Blick durch das Erdgeschoss.   RECHTE SEITE_Lichtdurchfluteter offener Arbeitsbereich im Obergeschoss.

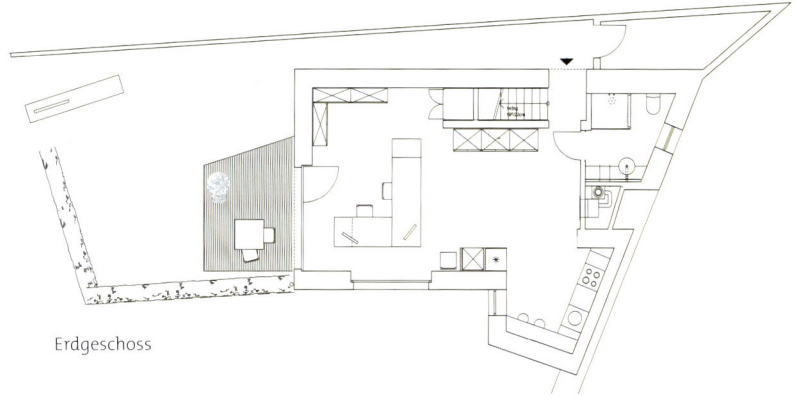

Erdgeschoss

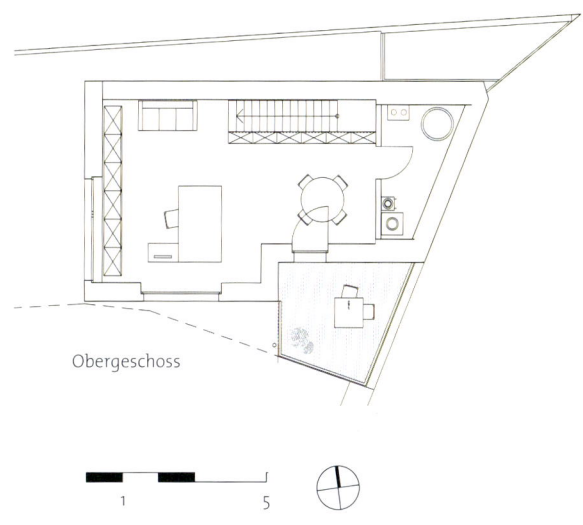

Obergeschoss

1   5

BAUDATEN

STANDORT_ Wassenberg bei Mönchengladbach/Nordrhein-
Westfalen

BAUZEITRAUM_ 2008 (5 Monate)

WOHN-/NUTZFLÄCHE GESAMT_ 87,2 m² zuzüglich
16 m² Terrassen

ENERGIEBEZUGSFLÄCHE_ 82 m²

THERMISCHE HÜLLE_ 290 m²

BRUTTORAUMINHALT (BRI)_ 393,9 m³

GRUNDSTÜCKSGRÖSSE_ 182 m²

BAUWEISE/DÄMMUNG GEBÄUDEHÜLLE_ Hauptgebäude
im Bereich der Stadtmauer Ziegelmauerwerk gedämmt,
ansonsten Porenbeton gedämmt, Anbau in Holzkonstruktion
gedämmt

VERGLASUNGEN_ Dreischeibige Passivhausverglasungen aus
Holz-Fiberglas-Profilen (U$_g$-Wert: 0,531 W/(m²K)); Haustür
ebenfalls aus Holz-Fiberglasprofilen

ENERGIEKONZEPT_ Optimale passive Solarenergienutzung
bei optimaler Gebäudeausrichtung, kontrollierte Be- und
Entlüftung mit Wärmerückgewinnung (89 %), Restheizung
durch Pellet-Primärofen, hoch gedämmte Gebäudehülle,
wärmebrückenfreie Planung, sehr gute Luftdichtheitswerte,
hoch effiziente Dämmung

ENERGIESTANDARD_ Passivhaus (nach PHPP)

HEIZENERGIEBEDARF/JAHR (BERECHNET NACH PHPP)_ 15 kWh/m²

PRIMÄRENERGIEBEDARF/JAHR (FÜR HEIZUNG,
WARMWASSER, HILFS- UND HAUSHALTSSTROM;
BERECHNET NACH PHPP)_ 100 kWh/m²

LUFTDICHTHEIT N50_ 0,6/h

BAUKOSTEN (GESAMT BRUTTO, INKL. ALLER HONORARE, STEUERN
UND NEBENKOSTEN)_ ca. 168.000 Euro

19 Höchstes Wohnniveau im Passivhaus-Kleid

Ein Einfamilienhaus mit Klinkerhülle im Rheinland

PLANUNG_RONGEN
ARCHITEKTEN, Wassenberg
(Nordrhein-Westfalen)

Einschlägige Websites zum Thema Energiesparhäuser zeigen leider immer wieder, dass die Planung von Passivhäusern hinsichtlich der Energieeffizienz recht weit entwickelt ist, aber oft doch das Gefühl für hochwertige Architektur und Innenarchitektur vermissen lässt. Das hier vorgestellte Einfamilienhaus liefert zu dieser Situation gleichsam den Gegenentwurf, denn neben dem extrem sparsamen Umgang mit Energie macht es auch durch eine betont klare äußere Form und eine ausgesprochen hochwertige Innenraumgestaltung auf sich aufmerksam.

Zeitgemäßes Klinkerkleid als Baustein des Energiekonzepts

Die in Nord- und Westdeutschland recht häufig und in unterschiedlichster Bauqualität anzutreffende Klinkerfassade muss keineswegs vorgestrig wirken. Sie bietet gut ausgeführt nicht nur dauerhaften Wetterschutz, sondern kann so wie in diesem Beispiel auch als zweite, außen liegende Mauerwerksschale Teil einer energetisch optimierten thermischen Hülle sein. Nach innen folgen eine 20 Zentimeter starke Dämmschicht und eine 24 Zentimeter starke Mauer aus Porenbeton.

Ohne Dachüberstand und energetisch nachteilige Vorbauten mit klar gesetzten, beziehungsweise gereihten Fassadenausschnitten besitzt das Gebäude den Mut zur Reduktion und zur Eindeutigkeit.

Großzügig, warm und licht

Die planerische Haltung bewusster Geradlinigkeit spiegelt sich auch im Innern wider, wo eine offene Raumgestaltung insbesondere das Erdgeschoss als wunderbaren Wohn-Showroom inszeniert – allerdings ohne jeden Hang zur Selbstdarstellung, sondern im

LINKS UND RECHTE SEITE_ Zur Straße hin zeigt sich das Wohnhaus sehr geschlossen, während es sich zur sonnigen Gartenseite mit großen Verglasungen öffnet.

OBEN BEIDE_ Das Erdgeschoss besteht überwiegend aus dem großen, durchgängig geplanten Wohn-, Ess- und Kochraum und bietet nach Süden und Westen viele reizvolle Blickbeziehungen zum Garten.

OBEN_ Obgleich die Treppe durch eine Wandscheibe vom Wohnraum getrennt ist, bleibt sie visuell doch dessen integraler Teil. Die Kücheneinbauten sind wie viele andere Möbel individuell gefertigte Exemplare, die das innenarchitektonische Konzept abrunden (Planung und Ausführung: Thomas Hammermeister).

Geist bescheidener Hochwertigkeit. Der im Grundriss und im Energiekonzept separierte Eingangsbereich ist durch eine Türe vom Koch-, Ess- und Wohnzimmer getrennt, die ebenso wie die Küchenmöbel und der Esstisch von einem begabten Schreiner sondergefertigt wurde. Von Süden fallen durch große Verglasungen reichlich Sonnenstrahlen ins Haus, die im Winter ihren Teil zum Wärmeertrag beisteuern, bei Bedarf aber auch mittels außen liegender Jalousetten abgehalten werden können. Weiße Wand- und Deckenoberflächen reflektieren das Licht, der Belag aus massiver Eiche bildet den gestalterisch passenden, natürlichen Untergrund.

OBEN LINKS_Der Blick vom Obergeschoss zeigt die auch vertikale Offenheit des Raumkonzepts. Die Rückseite der Treppenwand ist als Regal ausgebildet.

OBEN RECHTS_Auch das Badezimmer mit der versenkten Wanne ist bei allem Komfort auf das Wesentliche reduziert.

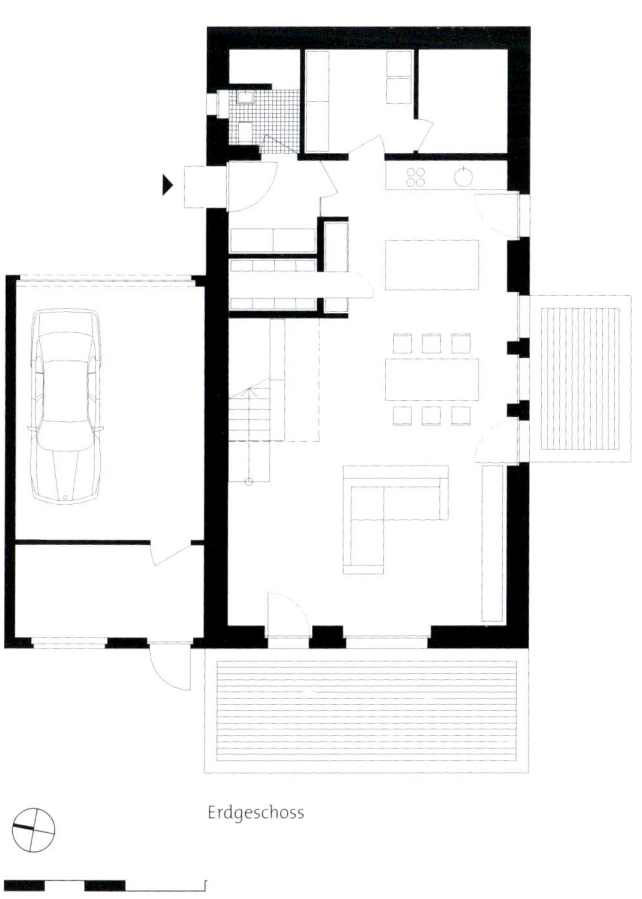

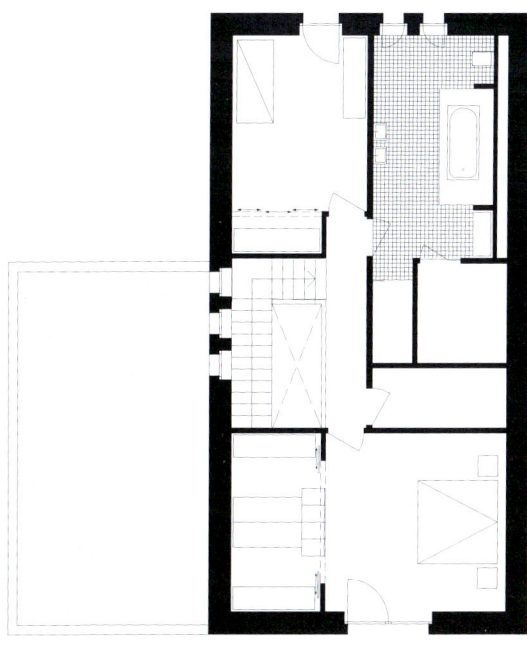

Erdgeschoss   Obergeschoss

1   5

BAUDATEN

STANDORT_Rheinland

BAUZEITRAUM_ 2007 (7 Monate)

WOHNFLÄCHE GESAMT_ 161 m² zuzüglich 33 m² Terrassen

ENERGIEBEZUGSFLÄCHE (NACH PHPP)_ 160 m²

THERMISCHE HÜLLE_ 540,5 m²

BRUTTORAUMINHALT (BRI)_ 980 m³ (811 m³ beheizter Bereich,
169 m³ unbeheizter Bereich)

GRUNDSTÜCKSGRÖSSE_ 762 m²

BAUWEISE/DÄMMUNG GEBÄUDEHÜLLE_Zweischaliges
Mauerwerk aus Porenbeton und Klinker mit dazwischen
liegender Dämmung, Satteldach gedämmt, betonierte
und gedämmte Bodenplatte

VERGLASUNGEN_ Dreischeibige Passivhausverglasungen
(U$_g$-Wert: 0,5 W/(m²K))

ENERGIEKONZEPT_Optimale passive Solarenergienutzung
bei optimaler Gebäudeausrichtung, kontrollierte Be- und
Entlüftung mit Wärmerückgewinnung (84 %), Wärmepumpe

mit Vorheizregister (Erdwärmekollektor) , hoch gedämmte
Gebäudehülle, wärmebrückenfreie Planung, sehr gute
Luftdichtheitswerte, hoch effiziente Dämmung

ENERGIESTANDARD_ Passivhaus (nach PHPP)

HFIZENERGIEBEDARF/JAHR (BERECHNET NACH PHPP)_ 15 kWh/m²

PRIMÄRENERGIEBEDARF/JAHR (FÜR HEIZUNG,

WARMWASSER, HILFS- UND HAUSHALTSSTROM;

BERECHNET NACH PHPP)_ 96 kWh/m²

LUFTDICHTHEIT N50_ 0,12/h

BAUKOSTEN_ Keine Angaben

20 Traumhaus mit positiver Energiebilanz

Ein Passivhaus nahe der niederländischen Grenze

PLANUNG_ RONGEN ARCHITEKTEN, Wassenberg (Nordrhein-Westfalen)

Mit dem eigenen Haus Geld verdienen: Welch traumhafte Vorstellung – und gleichzeitig doch wie eine unerfüllbare Utopie anmutend. Doch dieser Bauherren-Traum ist bereits heute Realität, so wie beim Haus von Climmy Hanssen und Francois Hoeppener. Auf der Suche nach einem kompetenten Passivhausplaner in den Niederlanden nicht fündig geworden, war man beim Gespräch mit dem in Wassenberg ansässigen RONGEN ARCHITEKTEN schnell überzeugt und baute sein Haus auch jenseits der Grenze in Deutschland. Die Lage am Rand des Dorfs mit weitem Ausblick in die Landschaft ist ebenso Teil des Traums wie der wundervolle Garten mit Wasserbassin und Lavendelbeeten.

Erstklassige Architektur und optimale Energieausbeute

Im Unterschied zu manch anderem Passivhaus gelang hier die perfekte Symbiose von hochwertiger Architektursprache und höchster Energieeffizienz. Direkt nach Süden ausgerichtet, sind beide Geschosse auf dieser Seite großflächig verglast, im Erdgeschoss auch bis weit über das südöstliche und südwestliche Hauseck. Dies lässt nicht nur Innen- und Außenraum wie unmerklich ineinander übergehen, sondern ermöglicht in der kalten Jahreszeit auch enorm hohe passive Wärmegewinne durch die Sonnenstrahlen. Im Sommer sorgt das auf drei Seiten auskragende Obergeschoss für die konstruktive Beschattung des Wohn- und Essbereichs. Dadurch erübrigte sich die separate Montage außen liegender Sonnenschutzsysteme, etwa Jalousetten. Die obere Wohnebene mit dem nach Süden ausgerichteten Schlaf- und Badezimmer erhielt ihrerseits eine mit Lärchenholzleisten verschalte Loggia, die hier für Sonnenschutz und für die erforderliche Intimität sorgt. Der nördliche Teil des Hauses wurde in hoch gedämmter Massivbauweise erstellt und großenteils mit einem hellen Klinker verblendet, teils aber auch mit Lärchenholzleisten verschalt.

LINKS_ Vom Garten aus bietet sich ein weiter, unverbauter Blick in die Landschaft. Links die westliche Verglasung des Wohnraums.

OBEN_ Das auskragende Obergeschoss sorgt im Sommer für ausreichende Beschattung im voll verglasten Wohnraum.

RECHTE SEITE_ Die Ansicht der Südseite zeigt nicht nur eine rundum stimmige architektonische Formensprache, sondern auch eine perfekte Symbiose von Wohnhaus und Freianlagen.

Insbesondere die kalte Nordseite zeichnet sich durch hohe Geschlossenheit aus, die nur durch die Eingangstür und ein schmales Fensterband im Obergeschoss durchbrochen wird. Einzige Heizungsanlage ist ein im Wohnraum aufgestellter Pelletofen, der zur Spitzenlastdeckung bei Kälteperioden dient. Ansonsten genügt wegen der dichten und hoch gedämmten Ausführung die Ausbeute der Lüftungsanlage mit Wärmerückgewinnung und Erdwärmetauscher. So betragen die Heizkosten nur wenige hundert Euro im Jahr, die durch den Erlös aus der Netzeinspeisung des selbst erzeugten Solarstroms mehr als abgedeckt sind. Die auf dem Flachdach montierte, fast 25 Quadratmeter große Fotovoltaikanlage erzeugt so viel Strom, dass am Ende des Jahres ein beträchtlicher finanzieller Überschuss verbleibt!

Offenes Wohnen mit bester Belichtung
Die süd- und ostseitigen Glasflächen lassen das Erdgeschoss mit dem Wohn- und Ess- sowie dem erhöht angelegten Kochbereich im wahrsten Sinne im besten Licht erscheinen – und dies durchaus nicht nur an Sonnentagen. Die Erschließungszone im Obergeschoss ist Teil des Raumzusammenhangs, es ergeben sich Deckenhöhen von bis zu 6 Metern und viele spannende Durchblicke zwischen den Ebenen.

VORHERIGE DOPPELSEITE
LINKS_ Die Großzügigkeit des Hauses spiegelt sich in der bis zum Dach geöffneten Küche wider. Oben die »Galerie-Brücke« zwischen Schlaf- und Arbeitsbereich.

VORHERIGE DOPPELSEITE
RECHTS_ Blick von der Galerie hinunter in den Küchenbereich, der von der großen Verglasung reichlich belichtet wird. Im Freien die Frühstücksterrasse auf der Ostseite. Links oben der Durchblick zum Büro.

OBEN_ Blick durch den wunderbar hellen Wohn- und Essbereich.

RECHTE SEITE_ Die nur einseitig in der Wand montierten Trittstufen reduzieren die Treppe auf das Wesentliche. Rechts der Durchblick zum südseitigen Garten.

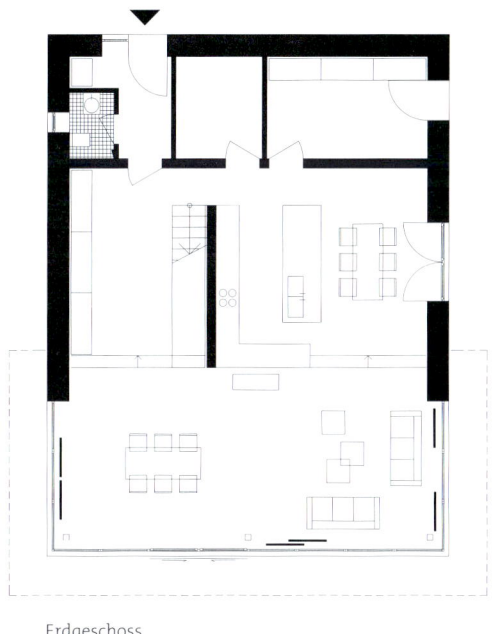

Erdgeschoss

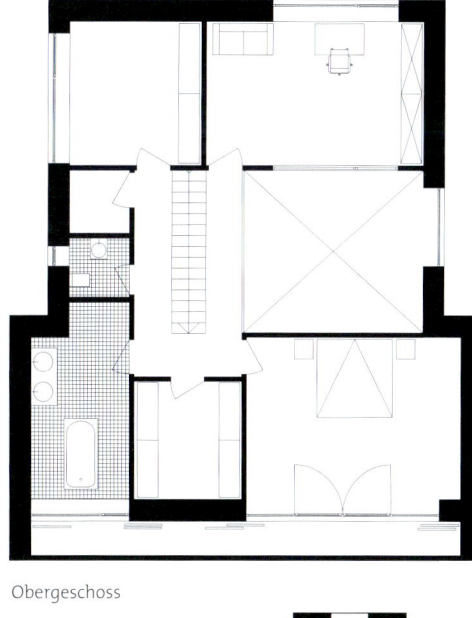

Obergeschoss

1   5

BAUDATEN

STANDORT_ Bei Selfkant (Nordrhein-Westfalen)

BAUZEITRAUM_ 2007 (11 Monate)

WOHNFLÄCHE GESAMT_ 204 m² zuzüglich 56 m² Terrassen

ENERGIEBEZUGSFLÄCHE (NACH PHPP)_ 204 m²

THERMISCHE HÜLLE_ 663 m²

BRUTTORAUMINHALT (BRI)_ 1054 m³

GRUNDSTÜCKSGRÖSSE_ 749 m²

BAUWEISE/DÄMMUNG GEBÄUDEHÜLLE_ Porenbeton gedämmt, verklinkert bzw. verschalt, südseits verglaste Pfosten-Riegel-Fassade, Flachdach gedämmt

VERGLASUNGEN_ Dreischeibige Passivhausverglasungen/ Holz-Aluminium-Fenster (U_g-Wert: 0,51 W/(m²K))

ENERGIEKONZEPT_ Optimale passive Solarenergienutzung bei optimaler Gebäudeausrichtung, kontrollierte Be- und Entlüftung mit Wärmerückgewinnung (84%) und Erdwärmetauscher, Zusatzheizung durch im Wohnraum platzierten Pelletofen, Warmwasserbereitung durch Kompakt-Wärmepumpe, Stromerzeugung durch Fotovoltaikanlage auf dem Flachdach (24,8 m²/3,24 kWp), hoch gedämmte Gebäudehülle, wärmebrückenfreie Planung, sehr gute Luftdichtheitswerte, hoch effiziente Dämmung

ENERGIESTANDARD_ Passivhaus (nach PHPP)

HEIZENERGIEBEDARF/JAHR (BERECHNET NACH PHPP)_ 15 kWh/m²

PRIMÄRENERGIEBEDARF/JAHR (FÜR HEIZUNG, WARMWASSER, HILFS- UND HAUSHALTSSTROM; BERECHNET NACH PHPP)_ 91 kWh/m²

LUFTDICHTHEIT N50_ 0,09 /h

BAUKOSTEN (GESAMT BRUTTO, INKL. ALLER HONORARE, STEUERN UND NEBENKOSTEN)_ ca. 288.000 Euro

21 Weiße Klarheit mit höchster Energieeffizienz

Ein Passivhaus im Rheinland

PLANUNG_ RONGEN ARCHITEKTEN, Wassenberg (Nordrhein-Westfalen)

Auf dem Grundstück der ehemaligen elterlichen Gärtnerei, am Stadtrand gelegen, entstand auf einer großzügigen Parzelle ein architektonisch und energetisch herausragendes Haus für eine Familie mit Kindern. Neben einem weitgehend durchgängig gestalteten Wohngeschoss mit direkter Verbindung von Innen- und Außenraum war es den Bauherrn ein wichtiges Anliegen, in puncto Betriebskosten auf Zukunfsfähigkeit zu setzen.

Ein Sparkonzept mit zwei Seiten

Die mit der Planung beauftragten, zertifizierten Passivhausplaner von RONGEN ARCHITEK-TEN entwarfen ein Haus, das mit seinen zwei Geschossen plus bis zum First ausgebautem Satteldach maximale Großzügigkeit bei minimalem Energieverbrauch bietet. Die Erfahrung zeigte, dass die Heizkosten pro Jahr dauerhaft bei unter 200 Euro liegen! Damit dies gelingen konnte, war eine rundum optimale Bau- und Energieplanung erforderlich. Das in Massivbauweise mit zusätzlicher außen liegender Dämmung errichtete Gebäude besitzt neben dreischeibigen Passivhausfenstern einen sehr guten Luftdichtheitsstandard. Die traufseitig zur Straße orientierte Nordseite weist neben dem Hauseingang, dem ein Nebengebäude mit Dachterrasse ostseitig angeschlossen ist, nur wenige schmale Fensterbänder auf. So bleibt die von Süden durch die großen Glasflächen eingestrahlte Sonnenwärme lange im Haus und wird durch die massiven Bauteile besonders gut gespeichert. Die obligatorische kontrollierte Be- und Entlüftungsanlage mit Wärmerückgewinnung und Erdwärmetauscher sorgt zusammen mit einer Sole-Wärmepumpe und einem im Wohnbereich aufgestellten Pelletofen für die Bereitstellung der benötigten Restwärme. Große Fotovoltaik-Paneele auf der Südhälfte des Satteldachs sorgen für eine insgesamt selbst für ein Passivhaus erstaunliche Energiebilanz.

LINKS_ Wie hier im Durchgang zwischen Wohnhaus und Garage haben die Architekten überall für einen unverbauten Blick in die freie Landschaft gesorgt.

OBEN_ Detail der südlichen Dachfläche mit 58 Quadratmeter Fotovoltaik-Modulen, die sich höchst unauffällig in die Architektur einfügen. Die sorgfältig ausgeführten Details tragen wesentlich zur Gesamtqualität bei.

RECHTE SEITE_ Ansicht von Südwesten: Der Wohn- und Schlafbereich sind auf beiden Geschossen zum Garten und zur Sonne hin orientiert.

GANZ OBEN_Großzügiges Raum-
erlebnis über zwei Geschosse. Unten der Wohnraum mit Durchgang
zum Ess- und Kochbereich.

OBEN_Blick über den Essplatz nach
draußen.

RECHTE SEITE_Der Raum unterhalb
der Treppe ist optimal als zusätzlicher Stauraum genutzt.

Horizontale und vertikale Durchgängigkeit im Familienheim

Neben dem nordseitigen Pufferbereich mit Eingang und Nebenräumen befindet sich im Erdgeschoss nur ein großer Raum, der mittels einer Wandscheibe zwischen Ess-, Koch- und Wohnbereich strukturiert ist. Von fast allen Blickwinkeln ist die Länge des Raums auf einen Blick erfassbar, die großflächig verglaste Südseite verlängert den Wohnraum nach draußen. Zu der horizontalen kommt noch die vertikale Durchgängigkeit: beim Blick vom Oberge-schoss, dessen Flur in der Art einer Galerie ausgebildet ist, bietet sich eine direkte Aussicht in den Wohnbereich, auf die Terrasse und in den Garten. Von hier oben kommt auch die zweigeschossige Verglasung am besten zur Geltung.

LINKS_ Der eingeschossige Riegel-bau mit seinen schmalen Fenster-bändern fungiert zur Nordseite hin als Klimapuffer.

OBEN_ Der einladende Zugangsweg zum Haus mit kleiner Robinienallee und Blick auf das Küchenfenster, von dem aus Ankommende zu sehen sind.

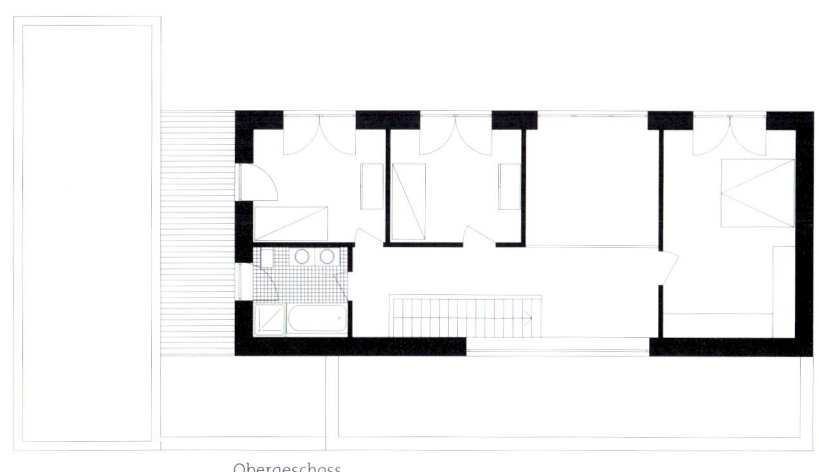

Obergeschoss

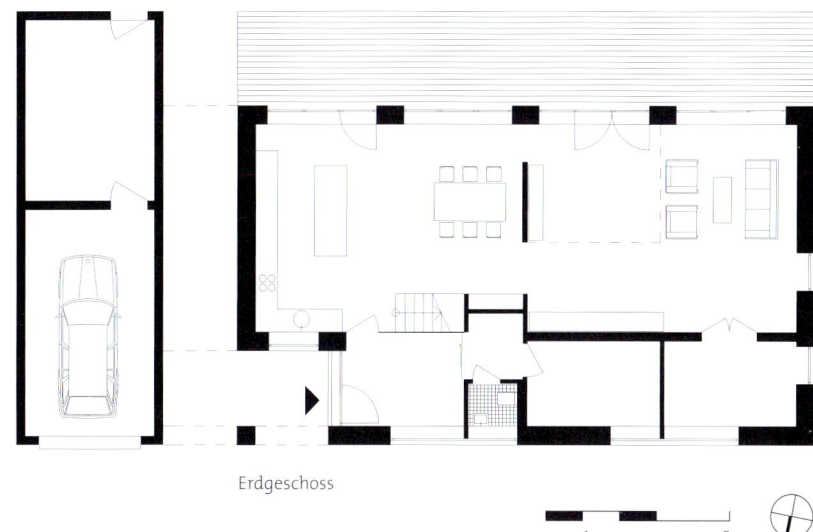

Erdgeschoss

1   5

BAUDATEN

STANDORT_ Bei Wassenberg (Nordrhein-Westfalen)

BAUZEITRAUM_ 2007 (10 Monate)

WOHNFLÄCHE GESAMT_ 175 m² zuzüglich 48 m² Terrassen und Balkon

ENERGIEBEZUGSFLÄCHE (NACH PHPP)_ 175 m²

THERMISCHE HÜLLE_ 592,07 m²

BRUTTORAUMINHALT (BRI)_ 569 m³

GRUNDSTÜCKSGRÖSSE_ 3150 m²

BAUWEISE/DÄMMUNG GEBÄUDEHÜLLE_ Massivbau gedämmt mit WDVS, Bodenplatte Stahlbeton gedämmt

VERGLASUNGEN_ Dreischeibige Passivhausverglasungen (U_g-Wert: 0,51 W/(m²K))

ENERGIEKONZEPT_ Optimale passive Solarenergienutzung bei optimaler Gebäudeausrichtung, kontrollierte Be- und Entlüftung mit Wärmerückgewinnung (84%) und 50 m Erdwärmetauscher, Zusatzheizung über Pelletofen im Wohnraum, 58 m² Fotovoltaikanlage 280 kWp) zur Stromerzeugung, hoch gedämmte Gebäudehülle, wärmebrückenfreie Planung, sehr gute Luftdichtheitswerte, hoch effiziente Dämmung

ENERGIESTANDARD_ Passivhaus (nach PHPP)

HEIZENERGIEBEDARF/JAHR (BERECHNET NACH PHPP)_ 14 kWh/m²

PRIMÄRENERGIEBEDARF/JAHR (FÜR HEIZUNG, WARMWASSER, HILFS- UND HAUSHALTSSTROM; BERECHNET NACH PHPP)_ 69 kWh/m²

LUFTDICHTHEIT N50_ 0,26/h

BAUKOSTEN (GESAMT BRUTTO, INKL. ALLER HONORARE, STEUERN UND NEBENKOSTEN)_ Keine Angaben

22 Solar-Kraftwerk in außergewöhnlicher Architektursprache

Ein Passivhaus im Salzburger Land

PLANUNG_Architektin Marina Rubin, Seeham (Österreich)

Betrachtet der Besucher das Einfamilienhaus von der unterhalb vorbeiführenden Straße, thront es gleich einem Baukunst-Körper auf einer Terrasse über dem Obertrumer See. Nähert man sich hingegen von oben, auf der Zufahrtsseite, zeigt sich das Haus zurückhaltend eingeschossig. Überhaupt geht es hier gar nicht um Aufmerksamkeit heischende Sensations-Architektur, sondern um zeitgemäße Baukunst mit höchster Energieeffizienz.

Moderne Formensprache mit nachhaltigem Bau- und Energiekonzept

Die Verhaftung in den regionalen Traditionen zeigt sich ungeachtet des Satteldachs nicht sosehr in der Kubatur, wohl aber in der überwiegenden Holzbauweise und dem Fassadenkleid aus unbehandelten Lärchenschindeln. Auch die Auswahl der Dämmstoffe – überwiegend eingeblasene Zelluloseflocken – und der übrigen Bauprodukte erfolgte nach Maßgabe ihrer ökologischen Qualität und ihrer Dampfdiffusionsoffenheit mit entsprechend positivem Einfluss auf das Raumklima. Vollends zum Beispiel optimaler Nachhaltigkeit wird das Haus durch seinen durchdachten Energiemix aus passiven Wärmegewinnen über die großen südöstlichen und südwestlichen Glasscheiben und die Kollektoren, die einen wichtigen Beitrag zur Wärmeerzeugung für Heizung und Warmwasser leisten. Die Solar-Paneele sind in die mit einer Neigung von 65 Grad optimal geplanten Dachflächen integriert worden, auf denen auch im Winter kein Schnee liegen bleibt. Zusätzlich gibt es noch einen Pellet-Primärofen, der an sehr kalten Tagen zusätzlich »einspringt«. Die für ein Passivhaus obligatorische kontrollierte Be- und Entlüftungsanlage mit Wärmerückgewinnung vervollständigt zusammen mit der sehr guten Luftdichtigkeit das energetisch optimierte Gesamtkonzept.

LINKS_ In der Nacht zeigt sich das Haus auf seiner Schauseite gleichsam als beleuchtete Skulptur.

OBEN_ Der Querbau, der sich im Ganzen außerhalb der Passivhaushülle befindet, schirmt das Haus von der vorbeiführenden Straße ab und verleiht so dem Gartenbereich die gewünschte Intimität.

RECHTE SEITE_: Gesamtansicht von Hauptgebäude und rotem Querbau, in dem sich neben der Terrasse auch ein Wintergarten befindet. Die Solarkollektoren und Jalousetten wurden in die Dachfläche integriert.

LINKE SEITE OBEN_ Die Küche mit praktischer Esstheke für die kurze Mahlzeit zwischendurch. Links hinten der Ausgang zur Dachterrasse. Lehmputze unterstützen die Qualität des Raumklimas.

LINKE SEITE MITTE_Blick von der Dachterrasse durch den Koch- und Essbereich bis auf den See.

LINKE SEITE UNTEN_Logenplatz zum Musizieren: Die Tochter des Hauses vor der Panoramaverglasung mit Aussicht auf den Obertrumer See.

OBEN_Blick von der Terrasse, die vom Dach des Querbaues geschützt ist, zum Hauptgebäude. Links hinten die verglaste Wand zur Garage.

Raumkunstwerk mit höchster Wohnqualität

Kern des dreigeschossigen Hauses ist der große Einraumbereich auf der mittleren Eingangsebene, der die Funktionen Wohnen, Musizieren, Essen und Kochen mit jeweils zugeordneten Sitzplätzen umfasst und direkt mit dem gedeckten Freisitz im Querbau verbunden ist. Mittig im Raum befindet sich als einziger Raumteiler die Treppe, die nach oben zur Arbeitsgalerie und zum Zimmer der Tochter sowie dem Kinderbad, nach unten zum Elternbereich führt.

OBEN_ Der Blick durch die Eingangs-schleuse erschließt dem Betrachter die Anlage des Hauptgeschosses. Links der Wohnbereich mit Blick auf den See, hinten der Essplatz, rechts der Durchgang zur Küche.

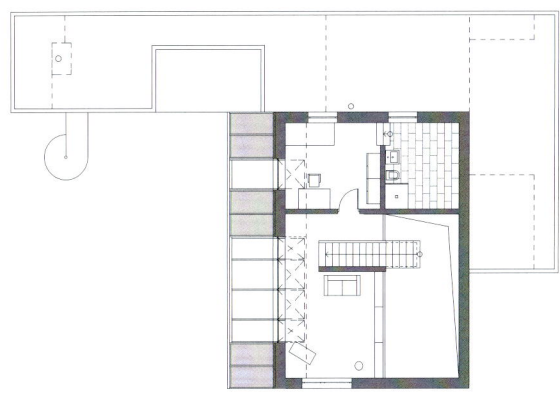

Dachgeschoss

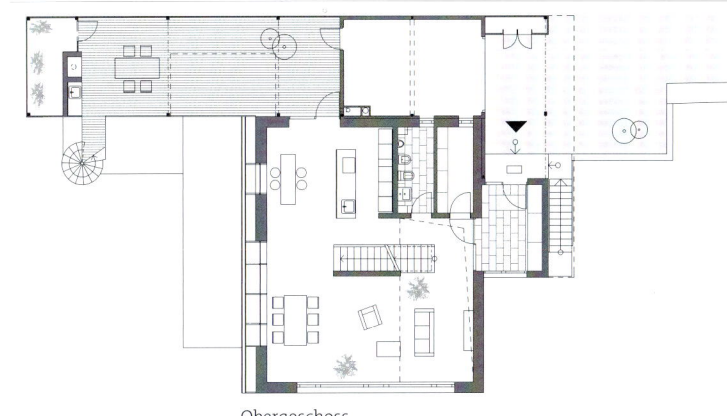

Obergeschoss

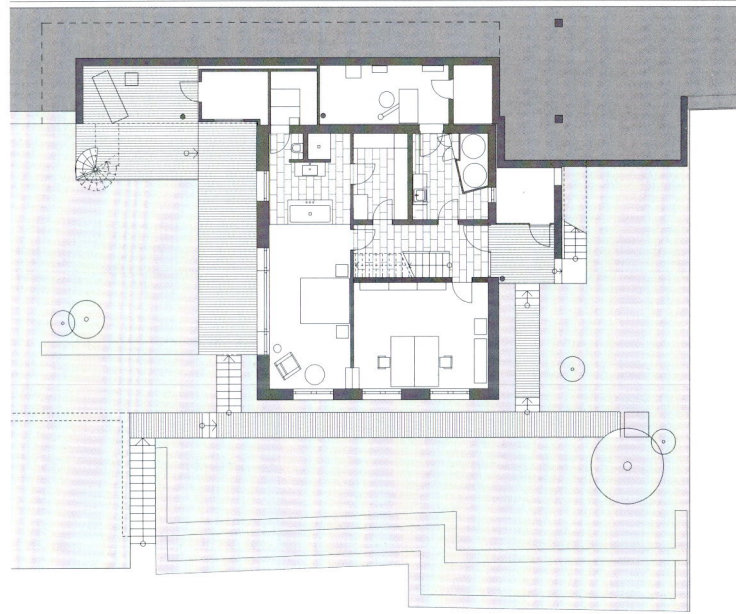

Erdgeschoss

BAUDATEN

STANDORT_ Salzburger Land

BAUZEITRAUM_ 2005–2006 (6 Monate)

WOHNFLÄCHE GESAMT_ 209 m² zuzüglich 27 m² Büro

ENERGIEBEZUGSFLÄCHE (NACH PHPP)_ 266 m²

THERMISCHE HÜLLE_ 447 m²

BRUTTORAUMINHALT (BRI)_ 1072,6 m³ (655,8 m³ beheizter Bereich, 416,8 m³ unbeheizter Bereich)

GRUNDSTÜCKSGRÖSSE_ 806 m²

BAUWEISE/DÄMMUNG GEBÄUDEHÜLLE_ Holzbauweise, gedämmt mit eingeblasenen Zelluloseflocken, Untergeschoss und Querbau teils Stahlbeton gedämmt

VERGLASUNGEN_ Dreischeibige Passivhausverglasungen (U_g-Wert: 0,6 W/(m²K))

ENERGIEKONZEPT_ Optimale passive Solarenergienutzung bei optimaler Gebäudeausrichtung, kontrollierte Be- und Entlüftung mit Wärmerückgewinnung (90 %) und 25 m Erdwärmetauscher, 24 m² Solarkollektoren zur Heizungsunterstützung und Warmwasserbereitung, Pellet-Primärofen, hoch gedämmte Gebäudehülle, wärmebrückenfreie Planung, sehr gute Luftdichtheitswerte, hoch effiziente Dämmung

ENERGIESTANDARD_ Passivhaus (nach PHPP)

HEIZENERGIEBEDARF/JAHR (BERECHNET NACH PHPP)_ 15 kWh/m²

PRIMÄRENERGIEBEDARF/JAHR (FÜR HEIZUNG, WARMWASSER, HILFS- UND HAUSHALTSSTROM; BERECHNET NACH PHPP)_ 64 kWh/m²

LUFTDICHTHEIT N50_ 0,35/h

BAUKOSTEN (GESAMT BRUTTO, INKL. ALLER HONORARE, STEUERN UND NEBENKOSTEN)_ ca. 450.000 Euro

23 Die Energiespar-Kiste im Obstgarten

Ein Lowtech-Energiesparhaus im bayerisch-österreichischen Grenzgebiet

PLANUNG_Architekt
Christoph Scheithauer,
Freilassing (Oberbayern)

Christoph Scheithauer ist ein Grenzgänger – in Niederbayern geboren und aufgewachsen, verschlug es ihn nach dem Studium nach Salzburg, wo er dann auch beruflich aktiv geblieben ist. Das kürzlich neu errichtete Familienheim nahe der österreichischen Grenze ermöglicht nun ein bequemes Pendeln vom Wohnort Freilassing ins nahe gelegene Büro in der Mozartstadt.

Zur Sonne und zum Garten geöffnet

Der Anschein einer grau-glänzenden, wenngleich sehr eleganten Kiste drängt sich dem Betrachter des Einfamilienhauses förmlich auf – vielleicht nicht ganz von ungefähr, ist doch die Geschlossenheit zu den nach außen exponierten wie auch den »kalten« Seiten des Hauses Programm, und zitiert die Bretterfassade doch bewusst die Optik einfacher Zweckbauten. Die gestalterischen Besonderheiten erschließen sich beim zweiten Hinsehen, so die bei Sonnenschein silbrig leuchtende Farbe der Holzfassade, hervorgerufen durch der Farbe beigemengte Silberpigmente. Die geringe Zahl und Größe der Fensteröffnungen auf den nordwestlichen bis nordöstlichen Fassaden ist schon aus Energiespargründen notwendig, im Übrigen wollte der Architekt und Bauherr mit dem geringen Verglasungsanteil auch bewusst die am Grundstück vorbeiführende Zugstrecke, das Nachbargrundstück und die nahe Durchgangsstraße ausblenden. Umso transparenter wird es gegen Süden beziehungsweise Südwesten, der Berg- und Gartenseite hin. Dorthin richtet sich aus Essküche, Kinderzimmern, Wohnraum und Elternschlafzimmer der Blick, von dort dringen die wärmenden Sonnenstrahlen bis weit ins Haus hinein und tragen ihren Teil zur positiven Energiebilanz bei. Im Sommer halten Dachüberstände die Hitze fern, die beim Hausbau bewahrten alten Obstbäume sorgen mit ihrer Belaubung für zusätzliche Beschattung und

OBEN_Blick auf die Südseite mit den beiden Kinderzimmern und der eigenen Terrasse. Darüber befindet sich die gemeinsame Dachterrasse.

GANZ OBEN_Blick auf das Nebengebäude und den dort angelegten Sitzplatz mit altem Apfelbaum.

RECHTE SEITE OBEN_Gesamtansicht von Südwesten. Alle Wohn- und Schlafräume sind nach Süden orientiert und vollflächig verglast.

RECHTE SEITE UNTEN_Der Blick von Nordosten zeigt, dass die Nord- und Ostseite aus Gründen des Wärme- wie auch des Lärm- und Sichtschutzes sehr introvertiert und geschlossen ausgeführt sind.

lassen im Winter dann die Sonne durch. Das Gebirgspanorama ins rechte Licht zu setzen, war Leitlinie der Planung und auch Mitgrund für die Entscheidung, den gemeinsamen großen Wohnraum in das Obergeschoss zu legen und ihm eine geschützte Dachterrasse vorzulagern. Auf der südlichen Grenze der Parzelle schuf ein abgrenzendes, kubisches Nebengebäude in Sichtbeton Unterstellmöglichkeit für Auto und Fahrräder, ein Werkstatt-Atelier und einen wettersicheren Sitzplatz, der zur Frühstückszeit am Wochenende gern genutzt wird.

Geringe Wärmeverluste, hohe Energiegewinne

Anders als bei manchem Solarhaus mit auffallenden Kollektoren und Fotovoltaikmodulen sieht man diesem Gebäude seine mit 14,2 kWh/m²a sehr gute Energieeffizienz nicht gleich an. Wärmeverluste werden durch eine hoch geschlossene und gedämmte sowie luftdichte

LINKE SEITE_ Die große Dachterrasse vor dem Wohnraum weckt Assoziationen an ein Schiffsdeck.

OBEN_ Der Wohnraum im Obergeschoss mit vorgelagerter Dachterrasse und weitem Bergblick.

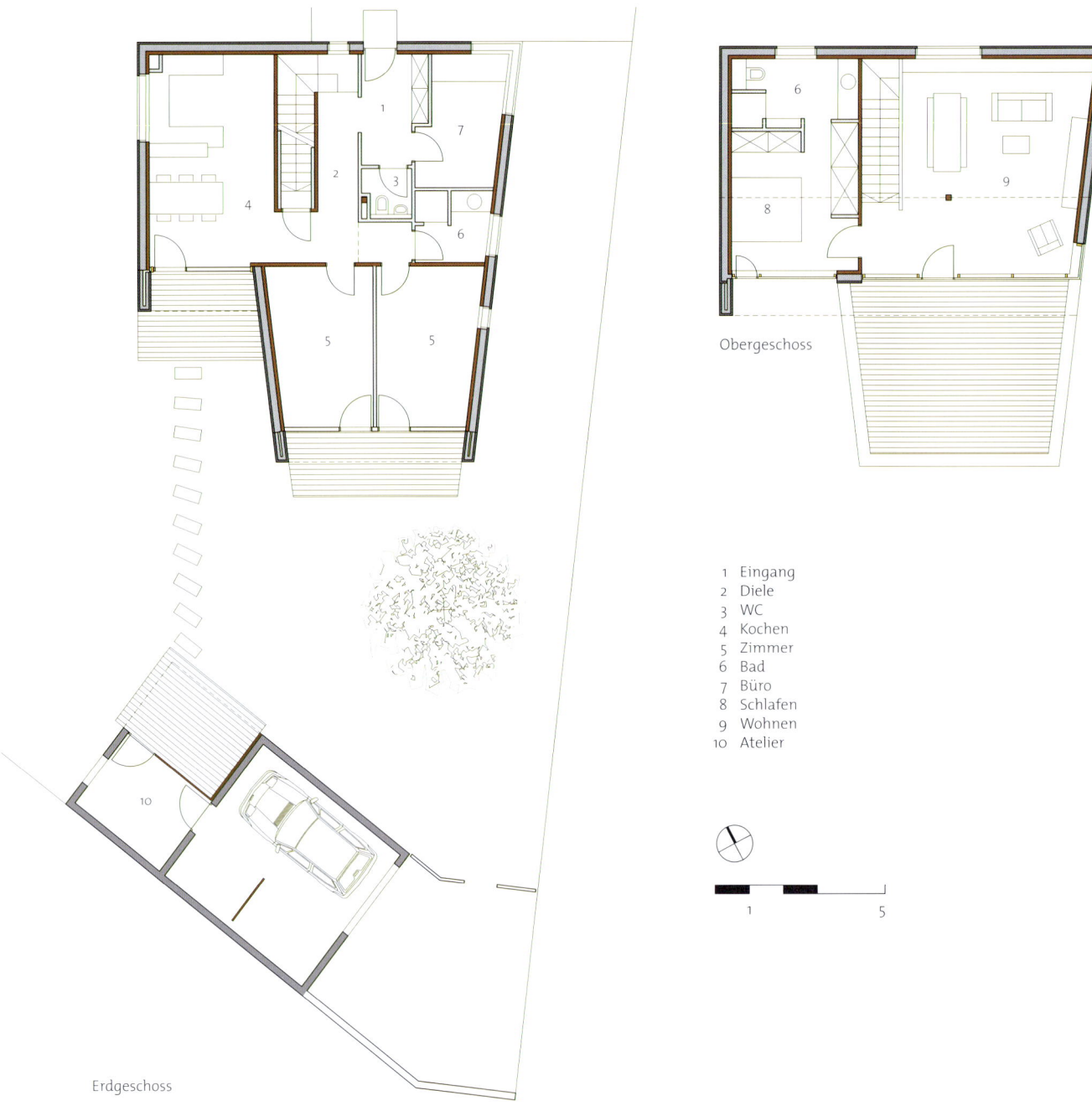

Obergeschoss

1 Eingang
2 Diele
3 WC
4 Kochen
5 Zimmer
6 Bad
7 Büro
8 Schlafen
9 Wohnen
10 Atelier

1   5

Erdgeschoss

Bauweise vermieden, Wärmegewinne vor allem durch große Verglasungen auf den un-
verbaubaren Sonnenseiten realisiert. Was die Familie dann noch an restlicher Energie für
Fußbodenheizung und Warmwasser benötigt, liefert ein vergleichsweise günstiges Kombi-
Gerät mit Luft-Wärmepumpe und Wohnraumlüftung mit Wärmerückgewinnung. Später
können noch Solarkollektoren hinzukommen, um den solaren Deckungsgrad weiter zu
erhöhen. Die gesamte Energietechnik ist so geplant und ausgewählt worden, dass sie möglichst geringe Betriebskosten, insbesondere für den Bezug von Strom, nach sich zieht. Und
die Erfahrung des ersten Winters zeigt, dass das System perfekt funktioniert: Auch an sehr
kalten Wintertagen mit Temperaturen von - 15 °C und Sonnenschein konnte die Heizung in
den Wohn- und Schlafräumen abgeschaltet bleiben! Entstanden ist letztlich kein Standard-
Passivhaus, sondern ein energieoptimiertes Lowtech-Haus im Passivhausstandard.

RECHTE SEITE_ Die Küche im Erdgeschoss besitzt über große Fenstertüren direkten Zugang zum südlich
gelegenen Garten. Der massive
Esstisch entstand aus Resten der
Tragkonstruktion (Kreuzlagenholz).

BAUDATEN

STANDORT_ Freilassing/Bayern

BAUZEITRAUM_ 2008 (5 Monate)

WOHNFLÄCHE GESAMT_ 140 m² zuzüglich 65 m² Terrassen

NUTZFLÄCHE IM KELLERGESCHOSS_ 84 m²

ENERGIEBEZUGSFLÄCHE (NACH ENEV)_ 224 m²

THERMISCHE HÜLLE_ 556 m²

BRUTTORAUMINHALT (BRI)_ 876 m³

GRUNDSTÜCKSGRÖSSE_ 539 m²

BAUWEISE/DÄMMUNG GEBÄUDEHÜLLE_ Holz-Tafelbauweise aus Kreuzlagenplatten für Wände und Decken (Stärke 10 bzw. 20 cm), Dämmung 24 cm, Keller Stahlbeton gedämmt

VERGLASUNGEN_ Dreischeibige Passivhausverglasungen (U_g-Wert: 0,7 W/(m²K))

ENERGIEKONZEPT_ Optimale passive Solarenergienutzung bei optimaler Gebäudeausrichtung, kontrollierte Be- und Entlüftung mit Wärmerückgewinnung, Luft-Wärmepumpe mit Vorheizregister (Erdwärmekollektor), hoch gedämmte Gebäudehülle, wärmebrückenfreie Planung, sehr gute Luftdichtheitswerte, hoch effiziente Dämmung; Solarkollektoren zur Warmwasserbereitung und Heizungsunterstützung vorbereitet

ENERGIESTANDARD_ LefW 40 im Passivhaus-Standard

HEIZENERGIEBEDARF/JAHR (BERECHNET NACH ENEV)_ 14,2 kWh/m²

PRIMÄRENERGIEBEDARF/JAHR (FÜR HEIZUNG, WARMWASSER, HILFS- UND HAUSHALTSSTROM)_ 37,5 kWh/m²

LUFTDICHTHEIT N50_ 0,95/h

BAUKOSTEN (GESAMT BRUTTO, INKL. ALLER HONORARE, STEUERN UND NEBENKOSTEN)_ 280.000 Euro

24 Zwei Seiten des Energiesparens

Ein Passivhaus bei Darmstadt

PLANUNG_transform-
architekten/Andreas
M. Herschel, Darmstadt
PROJEKTMITARBEIT_Harald
Richter

Das Gebäude fällt in seiner Anliegerstraße schon durch seine zweifarbig abgesetzten Ebenen ins Auge: Zum einen das goldgelb leuchtende Erdgeschoss mit seiner Holzbretterfassade, zum anderen das in graues Aluminium gekleidete Obergeschoss, dessen bis zum First geöffneter Charakter durch die Gestaltung seiner Fassaden nachvollzogen wird. Zwischen Sichtbetonblöcken, die als Kellerersatzräume Fahrräder und Geräte aufnehmen, wird der Zugangsweg zum Haus wirkungsvoll inszeniert. Gleichzeitig ist so für eine Abgrenzung des privaten Bereichs vom öffentlichen Raum, für Sicht- und Lärmschutz gesorgt. Auch in puncto Fassadenöffnungen zeigt sich die nördliche Eingangsseite eher geizig, denn dies wahrt nicht nur die Privatsphäre, sondern erspart den Bauherren auch unnötige Energieverluste. In konsequenter Weise sind die Nassräume, Technik- und Lagerraum zur Straße hin angeordnet, wodurch eine zusätzliche energetische Pufferzone entsteht.

Das zweite Gesicht

Während zur Straße hin eher geschlossene Flächen dominieren, fängt die südliche Gartenseite auf beiden Ebenen mit ihren großen, dreifachen Passivhausscheiben die wärmende Kraft der Sonnenstrahlen ein. Der Balkon im Obergeschoss dient nicht nur als praktischer Aufenthaltsbereich der Kinderzimmer und des Elternschlafzimmers, sondern hält nötigenfalls zusammen mit den außen montierten Jalousetten auch die Sommersonne fern. Dem als Einraum konzipierten Wohnzimmer im Eingangsgeschoss ist seinerseits eine große, holzgedeckte Terrasse zugeordnet, die für das Leben im Garten wie geschaffen und vom Koch-, Ess- und Wohnbereich gleichermaßen auf kurzem Wege zu erreichen ist.

LINKS_ Auf der nördlichen Eingangsseite: Die Betonkuben schaffen wohltuenden Abstand und Aufenthaltsraum zwischen Straße und Wohnhaus.

RECHTE SEITE_ Ansicht von Südosten. Die Terrasse erweitert den Wohn- und Essraum über die gesamte Breite der Fensterfront in den Garten. Auf dem Dach die Kollektoren für die Warmwasserbereitung.

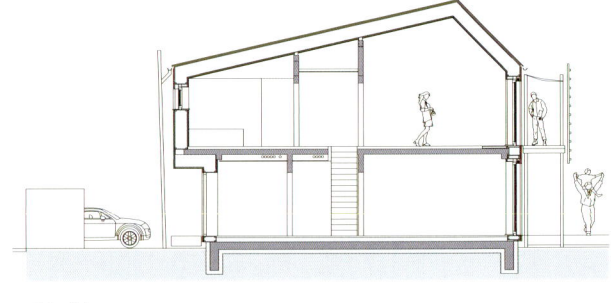

Schnitt

LINKS_ Der offene Wohn-, Ess- und
Kochraum besitzt nach Osten nur
ein Fensterband, das sich in Augen-
höhe befindet und so stets den Blick
nach draußen erlaubt.

OBEN_ Die filigrane Hightech-Fasade
aus Holz-Glasfaser-Profilen ermöglicht trotz der schweren Dreifach-
verglasung umfassende Transpa-
renz ohne störende Blickbarrieren.

Erdgeschoss

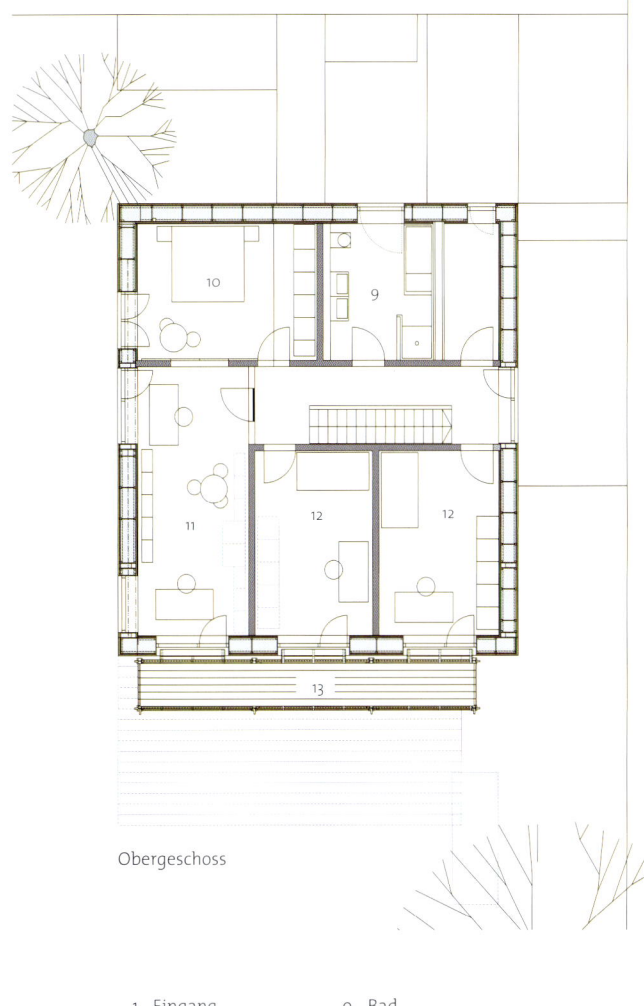

Obergeschoss

1	Eingang	9	Bad
2	Technik	10	Schlafen
3	Bad	11	Arbeiten
4	Gast	12	Kind
5	Wohnen	13	Balkon
6	Essen	14	Fahrräder
7	Kochen	15	Müll
8	Terrasse	16	Garage

BAUDATEN

STANDORT_ Bei Darmstadt/Hessen

BAUZEITRAUM_ 2008 (10 Monate)

WOHNFLÄCHE GESAMT_ 191 m² zuzüglich 30 m² Terrassen

ENERGIEBEZUGSFLÄCHE (NACH PHPP)_ 191 m²

THERMISCHE HÜLLE_ 587 m²

BRUTTORAUMINHALT (BRI)_ 994 m³ (935 m³ beheizter Bereich, 59 m³ unbeheizter Bereich)

GRUNDSTÜCKSGRÖSSE_ 500 m²

BAUWEISE/DÄMMUNG GEBÄUDEHÜLLE_ Mischbauweise (Außenwände und Dach Holzkonstruktion, gedämmt mit eingeblasener Zellulose), Innenwände Ziegel, Decken Stahlbeton gedämmt

VERGLASUNGEN_ Dreischeibige Passivhausverglasungen/ Holz-Glasfaser-Profile (U_g-Wert: 0,53 W/(m²K))

ENERGIEKONZEPT_ Optimale passive Solarenergienutzung bei optimaler Gebäudeausrichtung, kontrollierte Be- und Entlüftung mit Wärmerückgewinnung (78 %), Sole-Luft-Wärmepumpe mit Vorheizregister (Erdwärmekollektor), Warmwasserbereitung durch Solarkollektoren, hoch gedämmte Gebäudehülle, wärmebrückenfreie Planung, sehr gute Luftdichtheitswerte, hoch effiziente Dämmung

ENERGIESTANDARD_ Passivhaus (nach PHPP)

HEIZENERGIEBEDARF/JAHR (BERECHNET NACH PHPP)_ 15 kWh/m²

PRIMÄRENERGIEBEDARF/JAHR (FÜR HEIZUNG, WARMWASSER, HILFS- UND HAUSHALTSSTROM; BERECHNET NACH PHPP)_ 56 kWh/m²

LUFTDICHTHEIT N50_ 0,5/h

BAUKOSTEN (GESAMT BRUTTO, INKL. ALLER HONORARE, STEUERN UND NEBENKOSTEN)_ ca. 390.000 Euro

25 Wohnraumzuwachs und energetische Aufwertung

Aufstockung eines Einfamilienhauses im Odenwald

PLANUNG_transform-architekten/Andreas M. Herschel, Darmstadt
PROJEKTMITARBEIT_Claudia Müller, Harald Richter

Das Zuhause im idyllischen Odenwald, mit weitem Blick auf Landschaft und Pferdekoppeln, war für die Bauherren von Andreas M. Herschel ein wichtiger Bezugspunkt – neben der Tatsache, dass der Vater des Eigentümers im Erdgeschoss lebte. Das kleine Haus aus den 1960er Jahren war allerdings mit einer Grundfläche von etwa 50 Quadratmetern recht klein bemessen und besaß zudem im Dachgeschoss, das zum Umbau infrage kam, ungünstige Kniestock- und Raumhöhen. Nicht zuletzt hätte das Dach energetisch komplett saniert werden müssen, was mit entsprechendem Aufwand verbunden gewesen wäre, ohne einen räumlichen Zugewinn zu erreichen. Man entschied sich daher letztlich für einen Abbruch des Dachstuhls und eine komplett neue Aufstockungslösung. Die Bauarbeiten wurden dabei so gestaltet, dass der Vater im Erdgeschoss wohnen bleiben konnte.

Energetische Sanierung mit KfW-60-Standard

Die leichte Holzrahmenkonstruktion der Aufstockung ermöglichte die Durchführung der Maßnahme, ohne dass eine Verstärkung des vorhandenen tragenden Mauerwerks nötig gewesen wäre. Lediglich die Last der giebelseitigen Auskragung mit der Balkon-Loggia, die mit ihren ost- und südseitigen Öffnungen ein besonders intensives Erleben der Umgebung erlaubt, wurde durch zwei schlanke Rundstahl-Stützen abgefangen. Die Aufstockung ist durch eine dunkelrote, sich einheitlich über Dach und Wände ziehende Aluminium-Welle vom weitgehend unveränderten Bestand abgesetzt. Bei der Dämmung von Dach und Außenwänden bediente man sich Produkten aus nachwachsenden Rohstoffen, nämlich eingeblasenen Zelluloseflocken, die nicht nur hinsichtlich der Dämmung gegen Kälte, sondern auch gegen Hitze besonders effektiv sind. Insgesamt wurde der Heizenergieverbrauch durch die starke, setzungsfreie Dämmung gegenüber dem Vorzustand auf etwa

OBEN_Ansicht des Hauses auf der Eingangsseite.

RECHTE SEITE_Der neu aufgestockte rote Baukörper schiebt sich weit über den Sockel nach Süden und schafft so zusätzlichen Wohnraum.

ein Viertel reduziert und der durch die Kreditanstalt für Wiederaufbau geförderte Standard eines KfW-60-Hauses erreicht. Beträchtlich auch der Gewinn an nutzbarem Raum, denn nun handelt es sich um ein Vollgeschoss ohne Schrägen mit viel Luftraum bis zum First und insgesamt vier Räumen, darunter ein großes sowie zwei kleinere Zimmer. Gleichsam das Prunkstück der Planung ist der etwa 50 Quadratmeter große Wohn-, Ess- und Kochbereich, der sich ostseits in die Loggia fortsetzt.

GANZ OBEN_ Blick durch den Ess- und Wohnbereich zur Loggia, die das Volumen nach Süden erweitert.

OBEN_ Große Fenster nach Süden und Westen öffnen den Raum zur idyllischen Landschaft und ermöglichen die Nutzung der Sonnenwärme.

1 Eingang
2 Kochen
3 Essen
4 Wohnen
5 Loggia
6 Schlafen
7 Bad
8 Arbeiten

Obergeschoss

1 5

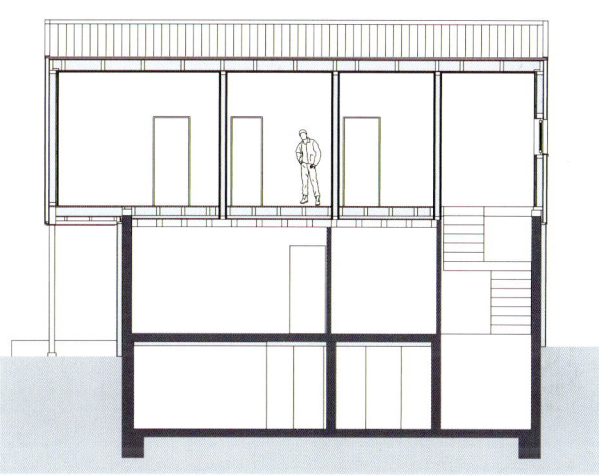

Schnitt

BAUDATEN

STANDORT_ Odenwald/Hessen

BAUZEITRAUM_ 2008 (6 Monate)

WOHNFLÄCHE GESAMT_ 90 m² zuzüglich 8 m² Terrasse

THERMISCHE HÜLLE_ 447 m²

BRUTTORAUMINHALT (BRI)_ 914 m³ (674 m³ beheizter Bereich,
240 m³ unbeheizter Bereich)

GRUNDSTÜCKSGRÖSSE_ 917 m²

BAUWEISE/DÄMMUNG GEBÄUDEHÜLLE_ Holzrahmenkonstruktion mit Zellulosedämmung

VERGLASUNGEN_ Wärmeschutzverglasungen
(U_g-Wert: 1,0 W/(m²K))

ENERGIEKONZEPT_ Optimale passive Solarenergienutzung
bei optimaler Gebäudeausrichtung, hoch gedämmte
Gebäudehülle, wärmebrückenfreie Planung, sehr gute
Luftdichtheitswerte

ENERGIESTANDARD_ KfW-60-Haus

HEIZENERGIEBEDARF/JAHR (BERECHNET NACH ENEV)_ 49 kWh/m²

PRIMÄRENERGIEBEDARF/JAHR (FÜR HEIZUNG,
WARMWASSER, HILFS- UND HAUSHALTSSTROM;
BERECHNET NACH ENEV)_ 94 kWh/m²

BAUKOSTEN (GESAMT BRUTTO, INKL. ALLER HONORARE, STEUERN
UND NEBENKOSTEN)_ ca. 140.000 Euro

26 Nach der Natur gemacht
Ein Niedrigstenergiehaus nach ökologischem Maßstab

PLANUNG_ Architekt Walter
Unterrainer, Feldkirch
(Österreich)

Der Vorarlberger Architekt Walter Unterrainer kann mittlerweile auf Dutzende von Energie-spar- und Passivhäusern zurückblicken, die er zum Wohnen, zum Lernen oder auch zum Arbeiten gebaut hat. Allen Objekten gemeinsam sind die kompromisslos gute, zeitgemäße Architektur und der Rückgriff auf überwiegend nachhaltige und regional erzeugte Werkstoffe. Seine Fachkenntnis hatten die Bauherren schon beim Bau ihrer in Privatinitiative errichteten Schule schätzen gelernt und brauchten daher nicht lange überlegen, bevor sie ihn mit der Planung ihres eigenen Wohnhauses betrauten.

Das Beste aus der Lage machen

Konstanten der Planung waren von Anfang an der Erhalt eines zur Straße hin vorhandenen Obstbaumbestands, der heute Teil einer zweimal im Jahr von Hand gemähten Naturwiese ist, und die Abgrenzung zu einer westlich vorbeiführenden Bahnstrecke. Auch wenn diese nicht allzu stark frequentiert ist, war es doch geboten, für eine wirksame visuelle Abgrenzung und einen effektiven Lärmschutz zu sorgen. Dies geschah dadurch, dass das mit seiner Längsseite nach Westen ausgerichtete Hauptgebäude mittels eines im rechten Winkel dazu angeordneten zweigeschossigen Anbaus abgegrenzt wird, der Carport, Werkstatt und Lagerräume sowie im Obergeschoss auch einen gedeckten Sitzplatz mit Freiluft-Bibliothek umfasst. So entstand gleichzeitig eine Art Atrium-Garten, der den Freisitz mit direktem Zugang zum Wohnraum zu einer beschaulichen Ruhezone macht.

Lichte Offenheit, optimale Raumausnutzung und Nachhaltigkeit

Der Wohnraum selbst ist großflächig verglast, was im Winter zur willkommenen Erwärmung der Räume führt und in sich nur durch vom Architekten geplante, individuell

OBEN_ Ansicht des Querbaus mit dem Anschluss an das Hauptgebäude aus Richtung Nordwesten.

LINKS_ Die Eingangsfassade mit begleitender Stauden- und Gehölzrabatte.

RECHTE SEITE OBEN_Der Dachüberstand und der Balkon bieten einen hervorragenden Sonnen- und Überhitzungsschutz. Dafür nahm man in Kauf, dass der Passivhausstandard nicht ganz erreicht wurde.

RECHTE SEITE UNTEN_Haupthaus und Querbau bilden zusammen einen geschützten Bereich. Der Sitzplatz beim Wohnraum ist vom Balkon überdeckt.

OBEN_ Blick über den Essbereich in den Garten und zu den beiden Sitzplätzen – einerseits unter Bäumen, andererseits geschützt unter dem Dach.

RECHTE SEITE BEIDE_ Der große Wohnraum ist durch Einbauten, die der Architekt entworfen hat, in Wohn-, Ess- und Kochzone unterteilt, behält aber seine großzügige Wirkung.

gefertigte Einbauten aus Massivholz unterteilt ist. Der zur Verfügung stehende Platz wird im ganzen Haus durch solche Einbauten optimal ausgenutzt, seien es Regale, Schränke oder Betten mit Stauraumfunktion. Neben dem massiven Holz aus der Umgebung folgt auch die Behandlung der Oberflächen mit natürlichen Ölen statt konventionellen Lacken ökologischen und wohngesundheitlichen Vorgaben. Dies gilt insbesondere auch für die Bauweise aus Konstruktionsvollholz, die Dämmung mit eingeblasener Zellulosefaser, die teils aufgebrachten Lehm-Innenputze und die Fassaden aus unbehandelter Lärche. So wird die ebenso funktionale wie moderne Architektur zu einem Teil der Natur, statt wie oft als Fremdkörper zu wirken.

GANZ OBEN_Blick vom Blumen- und Gemüsegarten beim Querbau zum Hauptgebäude.

OBEN BEIDE_Das Bad beeindruckt durch seinen direkten Außenbezug, seine Belichtung und seine Gestaltung, die von massiven Holzeinbauten, blauen Glasflächen und weißer Keramik geprägt wird.

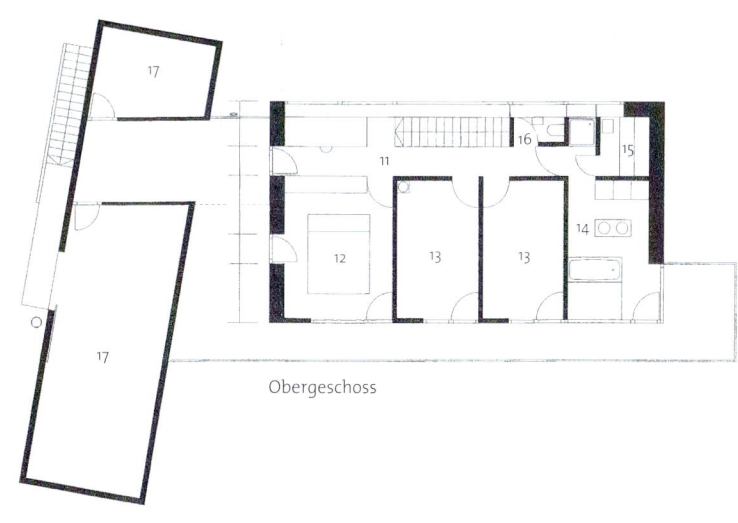

Obergeschoss

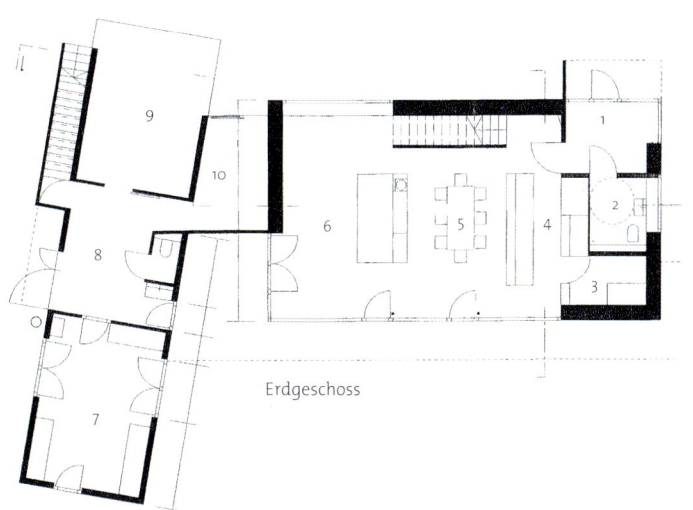

Erdgeschoss

BAUDATEN

STANDORT_ Götzis/Vorarlberg

BAUZEITRAUM_ 2004–2005 (9 Monate)

WOHNFLÄCHE GESAMT_ 155 m² zuzüglich 109 m²
Nebengebäude, 44 m² Terrassen und Balkon

ENERGIEBEZUGSFLÄCHE (NACH PHPP)_ ca 190 m²

THERMISCHE HÜLLE_ 509 m²

BRUTTORAUMINHALT (BRI)_ 1840 m³ (1190 m³ beheizter Bereich,
650 m³ unbeheizter Bereich)

GRUNDSTÜCKSGRÖSSE_ 1200 m²

BAUWEISE/DÄMMUNG GEBÄUDEHÜLLE_ Vorgefertigter Holzbau
mit betonierter Fundamentplatte, Dämmung mit eingeblasenen Zelluloseflocken, innen Lehmputz

VERGLASUNGEN_ Dreischeibige Passivhausverglasungen
(U$_g$-Wert: 0,6 W/(m²K)

ENERGIEKONZEPT_ Optimale passive Solarenergienutzung
bei optimaler Gebäudeausrichtung, kontrollierte
Be- und Entlüftung mit Wärmerückgewinnung (83 %)
und Erdwärmetauscher, 9 m² Solarkollektoren zur
Heizungsunterstützung und Warmwasserbereitung, hoch
gedämmte Gebäudehülle, wärmebrückenfreie Planung,
sehr gute Luftdichtheitswerte, hoch effiziente Dämmung

ENERGIESTANDARD_ Niedrigstenergiehaus

HEIZENERGIEBEDARF/JAHR (BERECHNET NACH PHPP)_ 19 kWh/m²

PRIMÄRENERGIEBEDARF/JAHR (FÜR HEIZUNG,
WARMWASSER, HILFS- UND HAUSHALTSSTROM;
BERECHNET NACH PHPP)_ 50,3 kWh/m²

LUFTDICHTHEIT N50_ 0,5/h

BAUKOSTEN (GESAMT BRUTTO, INKL. ALLER HONORARE, STEUERN
UND NEBENKOSTEN)_ ca. 460.000 Euro

1	Eingang	11	Galerie
2	WC/Technik	12	Schlafen
3	Speisekammer	13	Zimmer
4	Kochen	14	Bad
5	Essen	15	Sauna
6	Wohnen	16	WC
7	Werkstatt	17	Dachboden
8	Geräte		
9	Garage		
10	Fahrräder		

27 Wohnen und Arbeiten im ökologischen Passivhaus

Ein Energie und Kosten sparendes Atrium-Solarhaus in Dorfen (Oberbayern)

PLANUNG_ Vallentin Architektur, Dorfen
PROJEKTMITARBEIT_ Rena Vallentin
GRÜNPLANUNG_ Rita Huber, Dorfen

Private und berufliche Sphären unter einem Dach zu vereinen, bietet sich insbesondere für Familien mit Kindern in vielerlei Hinsicht an: Neben den kurzen Wegen und der Zeitersparnis eröffnet sich dadurch auch die Möglichkeit, intensiv am Familienleben teilzunehmen. Im Fall der Architekten-Familie Vallentin arbeiten zudem auch beide Partner im Büro mit, sodass ein stetes Miteinander privat wie beruflich sehr sinnvoll ist. Gleichzeitig realisierte die Planung auch eine Trennung beider Funktionsbereiche, indem der Bürotrakt des Gebäudes als eigener Bauteil einen Riegel zur Anliegerstraße bildet, während das im rechten Winkel dazu angeordnete Wohnhaus sich dem so entstandenen Innenhof und der freien Landschaft zuwendet.

Die Sonne als Energiespender und Lebenselixier

Zusammen mit dem südlich angrenzenden, ebenfalls vom Büro Vallentin geplanten Nachbarhaus entstand ein intimer, nach Westen geöffneter Innenhof mit Familien-Sitzplatz. Alle wichtigen Wohnräume des Hauses besitzen große, nach Süden orientierte Glasflächen, wobei der Dachüberstand für Sonnen- und Wetterschutz sorgt. Neben der Erwärmung der Räume über die Fenster tragen auch die zur Warmwasserbereitung bestimmten Solarkollektoren und große Fotovoltaik-Elemente auf dem südlichen Dach (Leistung 4,32 kWp) zur hervorragenden Energiebilanz bei. Die Sonne als Wärmelieferant bildet ebenso wie die kontrollierte Belüftung mit Wärmerückgewinnung, die hoch effiziente ökologische Dämmung und die luftdichte Ausführung der baulichen Hülle einen wichtigen Baustein des Energiekonzepts. Das Untergeschoss befindet sich außerhalb der beheizten Passivhaus-Hülle. Finanziell ergibt sich insgesamt sogar ein kleiner Überschuss statt hoher Energiekosten!

LINKS_ Der westliche, auskragende Abschluss des Wohnteils scheint über dem Hang zu schweben. Große Verglasungen ermöglichen einen weiten Ausblick in die Landschaft.

OBEN_ Nächtliche Ansicht des Innenhofs von Südosten mit den zweigeschossigen Kinderzimmern und den Solarmodulen auf dem Dach.

RECHTE SEITE_ Der Blick von Süden zeigt, dass das Gebäude auf Stelzen über den Hang ausgreift. Fotovoltaikanlage und Kollektoren auf dem Dach leisten ihren Beitrag innerhalb des Energiekonzepts.

OBEN_Blick zur Sofa-Ecke und in das Atrium. Rechts der Durchgang zu den Kinderräumen.

RECHTE SEITE_Blick vom Wohn- zum Essbereich, der bis zum Dach geöffnet ist und dadurch enorm großzügig wirkt. Die darüber liegende Galerie dient als Schlafplatz oder als Erweiterung des Wohnraums.

Beste Wohnstimmung bei geringen Baukosten

Ein Pellets-Primärofen, dessen Energie in einen 1.000 Liter fassenden Pufferspeicher einge-speist wird, ist zentral im großen Wohnraum postiert und sorgt so gleichzeitig als sichtbare Feuerstelle für eine wohlige Atmosphäre, eine den Eltern als Schlafplatz dienende Empore nutzt die Raumhöhen aus. Auch die wunderbar belichteten Kinderzimmer besitzen zwei Geschosse mit integrierten Galerien zum Schlafen oder Arbeiten, bei Bedarf können die Räume zum südlich vorgelagerten Balkon geöffnet werden. Und nicht zuletzt trägt auch das hervorragende Raumklima zur Wohnstimmung bei: Bei der Planung achtete man nicht nur auf energieoptimierten Betrieb, sondern auch auf bauphysikalisch und ökologisch optimierte Lösungen. Dazu gehört der Verzicht auf Dampfsperren, der Einsatz von einge-blasener Zellulose als Dämmmaterial, ein Gründach auf dem Büro-Anbau und die Nutzung des anfallenden Regenwassers im Gartenteich. Um bei alledem die Gesamtkosten niedrig zu halten, setzte man – unter Wahrung des Qualitäts- und Funktionsaspekts – bewusst auf günstige Baumaterialien und einfache Lösungen, beispielsweise den Einsatz von OSB-Platten als Innensicht für alle Räume ohne weitere Beläge oder Verschalungen. So gelang die perfekte Symbiose aus hochwertiger Architektur, energetischer Effizienz bei gering-sten Betriebskosten, ökologischen Aspekten und bester Wohnatmosphäre zu einem sehr niedrigen Preis.

OBEN_ Große Glasflächen schaffen einen unmerklichen Übergang zwi-schen Innenraum und Wohnhof.

Erdgeschoss

BAUDATEN

STANDORT_ Dorfen/Oberbayern

BAUZEITRAUM_ 2005–2006 (6 Monate)

WOHNFLÄCHE GESAMT_ 169 m² zuzüglich 217 m² Nutzfläche
(inklusive Büro)

ENERGIEBEZUGSFLÄCHE (NACH PHPP)_ 168,5 m²

THERMISCHE HÜLLE_ 624 m²

BRUTTORAUMINHALT (BRI)_ 940 m³ (Wohnbereich) (752 m³
beheizter Bereich, 188 m³ unbeheizter Bereich)

GRUNDSTÜCKSGRÖSSE_ 543 m²

BAUWEISE/DÄMMUNG GEBÄUDEHÜLLE_ Holzbau, Außenwände
und Dach mit eingeblasener Dämmung aus Zellulosefasern,
Boden mit Dämmschüttung aus Zellulosefasern,
Untergeschoss Stahlbeton

VERGLASUNGEN_ Dreischeibige Passivhausverglasungen
(U$_g$-Wert: 0,6 W/(m²K))

ENERGIEKONZEPT_ Optimale passive Solarenergienutzung
bei optimaler Gebäudeausrichtung, kontrollierte Be-

und Entlüftung mit Wärmerückgewinnung (88 %)
und Erdwärmetauscher, im Wohnbereich aufgestellter
Pellet-Primärofen mit 1.000-l-Pufferspeicher,
11,8 m² Solarkollektoren zur Warmwasserbereitung,
Fotovoltaikanlage auf dem südlichen Dach (4,32 kWp), hoch
gedämmte Gebäudehülle, wärmebrückenfreie Planung, sehr
gute Luftdichtheitswerte, hoch effiziente Dämmung

ENERGIESTANDARD_ Passivhaus (nach PHPP)

HEIZENERGIEBEDARF/JAHR (BERECHNET NACH PHPP)_ 15 kWh/m²

PRIMÄRENERGIEBEDARF/JAHR (FÜR HEIZUNG,
WARMWASSER, HILFS- UND HAUSHALTSSTROM;
BERECHNET NACH PHPP)_ 75 kWh/m²

LUFTDICHTHEIT N50_ 0,38/h

BAUKOSTEN_ ca. 220.000 Euro (ohne Architektenhonorar)

28 Sonnenhaus am Hang
mit außergewöhnlicher Architektursprache

Ein Passivhaus mit Einliegerwohnung in Oberbayern

PLANUNG_Architekt Gernot Vallentin, Dorfen (Bayern)
PROJEKTMITARBEIT_Anna Kragler

Mit der Hauptfassade nach Südwesten ausgerichtet, wächst das Einfamilienhaus aus dem Hang am Dorfrand heraus und sammelt mit seinen oberen beiden Ebenen förmlich die Sonnenwärme ein. Um eine optimale passive Solarenergienutzung zu erreichen und zudem jegliches Gefühl von Beengtheit zu vermeiden, ist sogar das westliche Hauseck auf beiden Geschossen mit verglast. Das tonnenförmige Dach mit seinen ungewöhnlichen, schräg gestellten Stützen streckt sich so weit über die südwestliche Fassade, dass gerade die am steilsten einfallenden Sonnenstrahlen vom Obergeschoss ferngehalten werden und es so zu keiner übermäßigen Aufheizung kommt. Für das Erdgeschoss übernimmt der Balkon die Beschattungsfunktion, außen montierte, unauffällige Jalousetten erlauben eine zusätzliche Feinabstimmung der Sonneneinstrahlung.

In das Erdreich eingegraben

Die unterste, in Stahlbetonweise ausgeführte Ebene mit dem Eingangsbereich ist ebenso wie das Erdgeschoss nordseits in den Hang eingegraben, was gleichzeitig die Energieverluste verringert. Zudem wirken die hier befindlichen, untergeordneten Räume als Wärmepuffer. Das in seiner Fläche kleiner bemessene Obergeschoss mit dem westlichen Kinder- oder später einmal Einliegerbereich sowie dem Elternschlafzimmer und Bad bietet demgegenüber rundum wunderbare Ausblicke in die Landschaft. Nach Norden hin findet sich anstelle der südseitigen Panoramaverglasung ein im Überkopfbereich angeordnetes, die verschiedenen Hausseiten zusammenfügendes Fensterband, das die Energieverluste vermindert und die Privatsphäre wahrt. In der Mitte befindet sich das eigentliche Hauptgeschoss, dessen vier aneinandergereihte Zonen – Arbeiten, Kochen/Essen, Wohnen – durch Wandscheiben voneinander separiert sind, bei geöffneten Schiebetüren aber auch eine

OBEN_ Die Ansicht von Westen zeigt, dass nicht nur die Südseite, sondern auch das westliche Hauseck großzügig verglast worden ist, um so hohe winterliche Wärmegewinne zu erreichen. Das oberste Geschoss sitzt auf der Hangkante, die beiden unteren Ebenen sind richtiggehend in das Erdreich eingegraben.

RECHTE SEITE_Blick von Süden mit den Schlafräumen im obersten Geschoss – ganz rechts das Elternschlafzimmer. Eine Treppe verbindet den oberen Gartenbereich mit der großen Terrasse.

hohe räumliche Durchgängigkeit besitzen. Der im Wohnbereich platzierte Holzscheitofen kommt nur an wenigen, sehr kalten Wintertagen ohne Sonnenschein zum Einsatz, denn sonst wird es im Haus einfach zu warm. Ansonsten wird das Gebäude vom elterlichen Nachbarhaus mit Fernwärme versorgt. Auch diese wird jedoch nur an sehr kalten Wintertagen benötigt. Das Raumklima ist aufgrund der Passivhaustechnik mit der automatischen Be- und Entlüftung inklusive Wärmerückgewinnung, aber auch der verwendeten ökologischen Dämmung aus eingeblasenen Zellulosefasern (36 Zentimeter) höchst angenehm und ausgeglichen.

OBEN_ Das großzügige, natürlich belichtete Badezimmer.

GANZ OBEN UND OBEN RECHTS_ Der offen gestaltete Ess- und Kochbereich besitzt große Glasflächen, die im Sommer durch außen liegende Jalousetten beschattet werden. Über dem Essplatz ist viel Luftraum vorhanden, der die erwünschte Durchgängigkeit zwischen den Geschossen unterstreicht. Der Holzscheitofen sorgt für die Unterstützung der Heizung und eine angenehme Atmosphäre.

1	Eingang	14	Schlafen
2	Podest	15	Wohnen
3	WC	16	Luftraum
4	Archiv	17	Ankleide
5	Arbeiten	18	Schlafen
6	Kochen	19	Bad
7	Essen	20	Freisitz
8	Wohnen	21	Abstellgarten
9	Hauswirtschaft	22	Technik
10	Speisekammer	23	Abstellen
11	Galerie	24	Keller
12	Kochen	25	Garage
13	Bad		

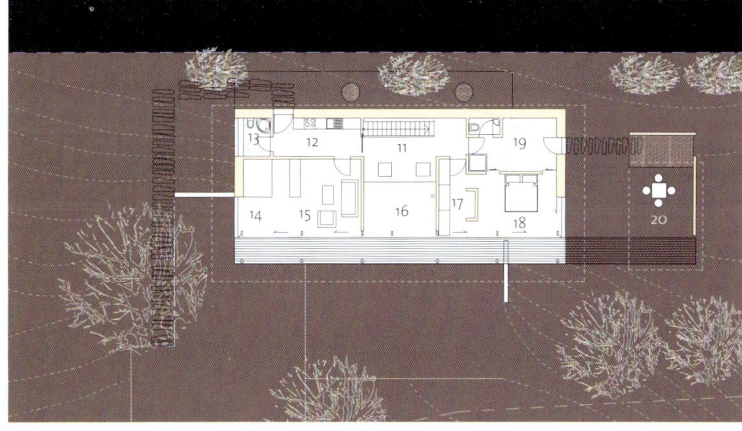

Obergeschoss

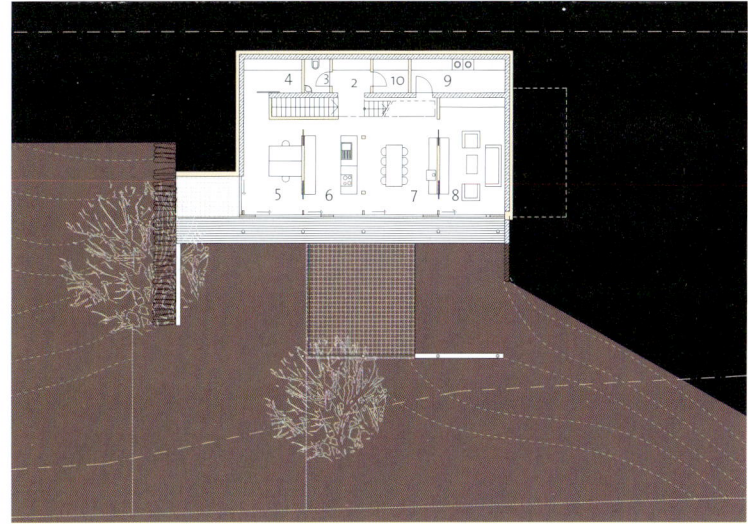

Erdgeschoss

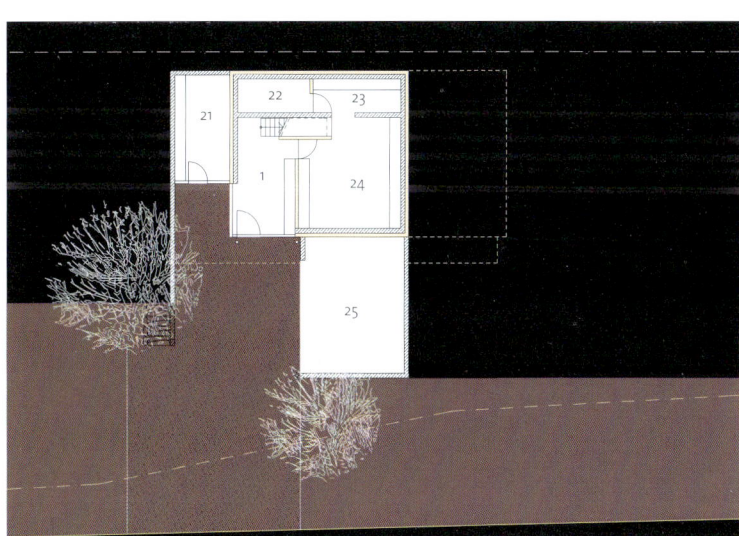

Untergeschoss

BAUDATEN

STANDORT_ Bei Erding/Oberbayern

BAUZEITRAUM_ 2007–2008 (9 Monate)

WOHNFLÄCHE GESAMT_ 212 m² zuzüglich 125 m² Terrassen

ENERGIEBEZUGSFLÄCHE (NACH PHPP)_ 231 m²

THERMISCHE HÜLLE_ 722 m²

BRUTTORAUMINHALT (BRI)_ 1459 m³ (1084 m³ beheizter Bereich, 375 m³ unbeheizter Bereich)

GRUNDSTÜCKSGRÖSSE_ 3128 m²

BAUWEISE/DÄMMUNG GEBÄUDEHÜLLE_ Mischbauweise/ Stahlbeton und Holzbau, Dämmung der Holzkonstruktion mit eingeblasenen Zelluloseflocken, Bodenplatte gedämmt

VERGLASUNGEN_ Dreischeibige Passivhausverglasungen (U_g-Wert: 0,6 W/(m²K))

ENERGIEKONZEPT_ Optimale passive Solarenergienutzung bei optimaler Gebäudeausrichtung, kontrollierte Be- und Entlüftung mit Wärmerückgewinnung (88 %) und Wärmetauscher (Erdkollektor), Fernwärme vom Nachbargebäude (Gas-Brennwert), raumluftunabhängiger Holzscheitofen im Wohnbereich, hoch gedämmte Gebäudehülle, wärmebrückenfreie Planung, sehr gute Luftdichtheitswerte, hoch effiziente Dämmung

ENERGIESTANDARD_ Passivhaus (nach PHPP)

HEIZENERGIEBEDARF/JAHR (BERECHNET NACH PHPP)_ 14 kWh/m²

PRIMÄRENERGIEBEDARF/JAHR (FÜR HEIZUNG, WARMWASSER, HILFS- UND HAUSHALTSSTROM; BERECHNET NACH PHPP)_ 65 kWh/m²

LUFTDICHTHEIT N50_ 0,26/h

BAUKOSTEN (GESAMT BRUTTO, INKL. ALLER HONORARE, STEUERN UND NEBENKOSTEN)_ ca. 382.000 Euro

29 Aus altem Bungalow mach Niedrigstenergiehaus mit Top-Architektur!

Energetische Sanierung und Umbau mit Passivhauskomponenten bei München

PLANUNG_ Gernot Vallentin, Dorfen (Bayern)

Die 1960er und 70er Jahre waren ohne Zweifel die Hochzeit des Bungalows, denn damals standen für diese als Ausdruck der Modernität empfundene eingeschossige Bauweise noch Grundstücke mit ausreichend Flächenreserven zur Verfügung. Ihr Reiz liegt bis heute gerade in der großen, ebenerdigen und zumeist barrierefreien Wohnfläche, die beim Haus der Familie Biersack noch durch eine Teilunterkellerung ergänzt war. Die Schwächen liegen aus heutiger Sicht bei der nicht mehr ganz zeitgemäßen Dämm- und Energietechnik sowie der nicht immer erstklassigen Architektur. Beides bekamen die Bauherren und der von ihnen beauftragte Architekt Gernot Vallentin bei ihrem Umbau aber bestens in den Griff.

Schwarzes Kleid, warmer Mantel

Zu Reduzierung von Wärmeverlusten durch Dach und Mauerwerk dient eine neue Außendämmung, die Wände erhielten anstelle eines Verputzes eine weit reizvollere Robe aus schwarzem Textilvlies. Das nicht nur gestalterisch ansprechende, sondern auch ausgesprochen günstige Fassadenkleid verhüllt nun alle Außenwände und auch einen neu eingebauten Holzträger der Garten-Pergola, sodass eine kunstvoll inszenierte Veranda-Durchgangssituation zwischen dem neuen Freisitz auf der Südseite des Gartens und dem Esszimmer entstanden ist. Der nach Süden ausgerichtete, eingetiefte Atriumhof des Winkelbungalows, der westseits von einem Nachbargebäude zusätzlich eingefasst ist, vermittelt eine ruhige, fast asiatisch kontemplative Stimmung, die durch die klaren Linien der Pergola-Konstruktion noch verstärkt wird.

Energetische Optimierung mit enormer Heizkostenersparnis

Neben der neuen Dämmung von Dach und Außenwänden bekam auch der betonierte Keller eine 18 Zentimeter starke Perimeter-Dämmung, überall sorgen neue, dreischeibige

LINKS_ Von Südosten zeigt sich das Haus heute ganz in Schwarz. Ein neues Lichtband erhellt den Wohnflur.

RECHTE SEITE OBEN_ Blick auf Haus und Atrium von Südwesten. Hinten auf dem Flachdach sind die aufgeständerten Kollektoren zu erkennen.

RECHTE SEITE UNTEN_ Die Eingangsfassade wird durch die Pergola markiert, die sich über das gesamte Grundstück bis zum Freisitz fortsetzt.

Passivhausverglasungen für einen effizienten Wärmehaushalt. Anstelle der alten, ineffizienten Heizung baute man zudem eine kontrollierte Lüftungsanlage mit Wärmerückgewinnung und Erdwärmetauscher sowie eine moderne Gas-Brennwerttherme ein. 10 Quadratmeter große Solarkollektoren, die auf dem Flachdach aufgeständert worden sind, dienen zur Erwärmung des Brauchwassers, das in einem Speicher vorgehalten wird. All diese Maßnahmen zusammen ließen den Bungalow von 1978 zum modernen Niedrigstenergiehaus werden, dessen jährlicher Heizenergiebedarf sich von deutlich über 200 kWh/m^2 mit nun 45 kWh/m^2 (berechnet nach PHPP) auf weniger als ein Viertel reduziert hat!

OBEN UND RECHTE SEITE_ Wohnraum und Essplatz profitieren immens von dem direkten Blickbezug zum Garten, den die Panorama-verglasung bietet.

Das Atrium direkt im Blick

Im Innern nahm man eine vorsichtige Klärung des Grundrisses mit partiellen Durchbrü-
chen zwischen Wohn- und Essbereich vor, die sich sehr positiv auf die Raumwahrnehmung
auswirkte und den Eindruck von horizontaler Durchgängigkeit unterstreicht. Die großen
Panoramascheiben nach Süden, aber auch die deutlich vergrößerten Verglasungen und
Fenstertüren von Eltern-, Kinder- und Gästezimmer nach Westen machen die Räume licht,
und im Winter, bei dann tief stehender Sonne, auch kostenlos warm. Das vorhandene
Eichenparkett ist von den Bauherren im Bereich des Essplatzes ergänzt worden. Am
wichtigsten für die Räume aber ist wohl der direkte Außenbezug zum Innenhof und zum
Garten – die viel zitierte Einheit von Innen- und Außenraum ist hier vollendet umgesetzt.

OBEN_ Blick durch das Atrium zum
Freisitz. Die Außenanlagen werden
durch die Holzkonstruktion gefasst
und zusammengefügt. Links der
Trakt mit dem Eltern- und den
Kinderzimmern.

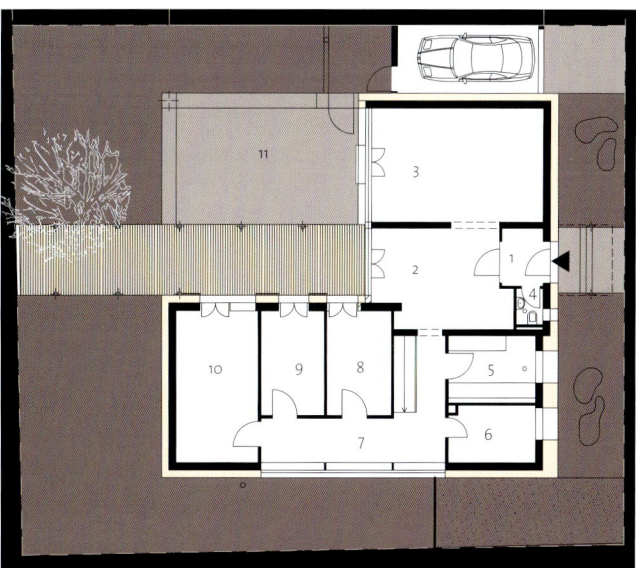

Erdgeschoss

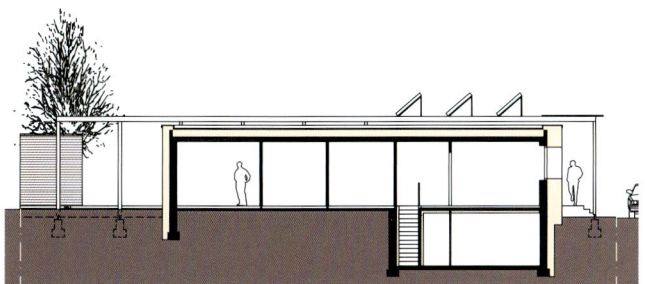

Schnitt

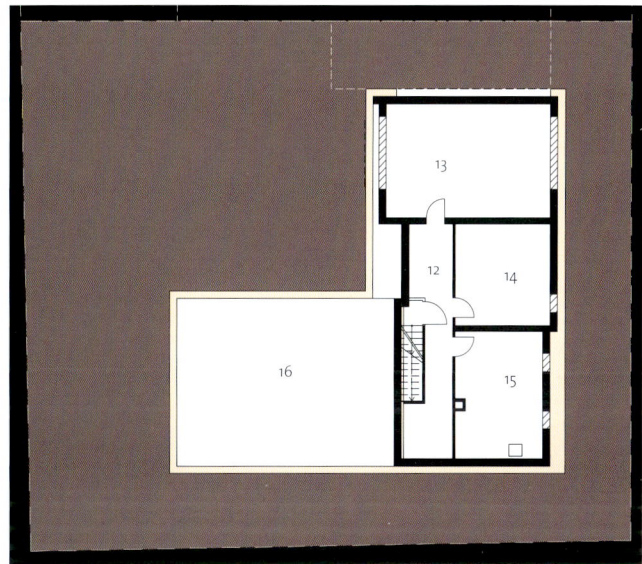

Kellergeschoss

1	Eingang	9	Gast
2	Essen	10	Schlafen
3	Wohnen	11	Kiesbecken
4	WC	12	Flur
5	Kochen	13	Hobby
6	Bad	14	Keller
7	Flur	15	Technik
8	Kind	16	Bodenplatte Bestand

BAUDATEN

STANDORT_ Bei München

BAUZEITRAUM_ 2008–2009 (18 Monate)

WOHNFLÄCHE GESAMT_ 136 m² zuzüglich 102 m² Nutzfläche und 39 m² Terrassen/Veranden

ENERGIEBEZUGSFLÄCHE (NACH PHPP)_ 198 m²

THERMISCHE HÜLLE_ 648 m²

BRUTTORAUMINHALT (BRI)_ 949 m³ (882 m³ beheizter Bereich, 67 m³ unbeheizter Bereich)

GRUNDSTÜCKSGRÖSSE_ 518 m²

BAUWEISE/DÄMMUNG GEBÄUDEHÜLLE_ Bestehende Massivbauweise (EG Ziegelmauerwerk 36,5 cm/Keller Stahlbeton) mit neuer Dach- und Außenhautdämmung, neue Perimeterdämmung des Kellers (18 cm)

VERGLASUNGEN_ Dreischeibige Passivhausverglasungen (U_g-Wert: 0,6 W/(m²K))

ENERGIEKONZEPT UMBAU_ Optimale passive Solarenergie-nutzung bei vergrößerten Glasflächen, kontrollierte Be- und Entlüftung mit Wärmerückgewinnung (88 %) und Erdwärmetauscher, neue Gas-Brennwerttherme, 10 m² Solarkollektoren zur Warmwasserbereitung, hoch gedämmte Gebäudehülle, wärmebrückenfreie Planung, sehr gute Luftdichtheitswerte, hoch effiziente Dämmung

ENERGIESTANDARD_ KfW-60-Haus

HEIZENERGIEBEDARF/JAHR (BERECHNET NACH PHPP)_ 45,0 kWh/m²

PRIMÄRENERGIEBEDARF/JAHR (FÜR HEIZUNG, WARMWASSER, HILFS- UND HAUSHALTSSTROM; BERECHNET NACH PHPP)_ 132,0 kWh/m²

LUFTDICHTHEIT N50_ 0,37/h

BAUKOSTEN (GESAMT BRUTTO, INKL. ALLER HONORARE, STEUERN UND NEBENKOSTEN)_ ca. 190.000 Euro (ohne Nebengebäude)

30 Traum-Villa mit hoher Energieeffizienz

Wohnen im großzügigen Einfamilienhaus bei München

PLANUNG_ Walbrunn Grotz
Architekten, Bockhorn/
Erding

Großzügig zu bauen, erfordert von den Planern besonderes Geschick, um nicht nur eine geradlinige und funktionale Architektur ohne protziges Gehabe, sondern auch eine sehr gute Energie-Effizienz zu verwirklichen. Walbrunn Grotz Architekten erreichten bei ihrem Projekt in Erding bei München genau dies und fügten noch eine optimale Ausnutzung und Gestaltung des Grundstücks sowie ein beeindruckendes Raumgefühl hinzu.

Polygon in beschütztem Gartenraum

In der Form eines Winkels angelegt, schuf sich das große Einfamilienhaus auf dem weitläufigen Grundstück seine eigene, intime Grünzone. Während das zweigeschossige Hauptgebäude mit seiner großflächig verglasten Fassade nach Süden orientiert ist, grenzt der senkrecht dazu angeordnete Atelier-Anbau den Garten- vom Straßenraum ab und lässt dadurch eine Atmosphäre der Ruhe und Privatheit entstehen. Die überwiegend geschlossene Nordfassade bildet eine Art Riegel zur angrenzenden Wohnbebauung und vermeidet so zudem Energieverluste. Vom planerischen Grundansatz handelt es sich um einen polygonalen Körper, aus dem Bezug gleichsam Stücke herausgeschnitten sind, die überdachte Sitzbereiche im Freien entstehen ließen. Entsprechend zur äußeren Form finden sich auch im Innern kaum rechte Winkel. Der hoch wärmegedämmte Holzrahmenbau besitzt eine Außenhaut aus schwarz eingefärbten Fassadenplatten, die den monolithischen Entwurfsgedanken unterstreichen.

LINKS_ In dieser Perspektive kommen die westliche Auskragung des Obergeschosses und die »abknickende« Fassade besonders eindrucksvoll zur Geltung. Im Hintergrund der Querbau.

OBEN_ Blick vom östlichen Querbau mit dem Atelier auf das Hauptgebäude, mit den Schiebeläden zur Beschattung.

RECHTE SEITE_ Ansicht von Südwesten.

Energiekonzept mit Augenmaß

Beide Wohnebenen – unten der gemeinsame, oben der Kinder- und Elternbereich – sind mit ihren großflächig verglasten Süd- und Westseiten ganz auf das Sammeln der wärmenden Sonnenstrahlen eingestellt, die einen wichtigen Baustein im Energiekonzept bilden. Daneben sorgen eine kontrollierte Lüftungsanlage mit Be- und Entlüftung sowie Wärmerückgewinnung, eine Dachbegrünung und eine aus Kostengründen gewählte Gasheizung für die Temperierung beziehungsweise Beheizung des Gebäudes. Mit entscheidend für die Wahl war die Überlegung, dass die im Einbau vergleichsweise kostengünstige Gastherme angesichts des geringen Heizenergiebedarfs in der Gesamtschau als besonders effektiv angesehen wurde. Solarkollektoren dienen zur Brauchwassererwärmung. Die hoch gedämmte Passivhaushülle mit hoher Luftdichtigkeit hält die Wärme im Haus. Für Sonnenschutz sorgen Holzschiebeläden, die je nach Stellung mannigfaltige Bilder der Fassaden erzeugen.

LINKE SEITE OBEN_ Blick durch den Ess- zum Kochbereich. Die Südfassade ist durch das auskragende Obergeschoss bestens gegen sommerliche Überhitzung geschützt. Links der Durchgang zum Flur.

LINKE SEITE UNTEN_ Elternschlaf- und Badezimmer bilden eine räumliche Einheit, sind aber doch voneinander separiert.

OBEN_ Den Großteil des Erdgeschosses nimmt der hallenartige Koch-, Ess- und Wohnraum ein.

Erdgeschoss

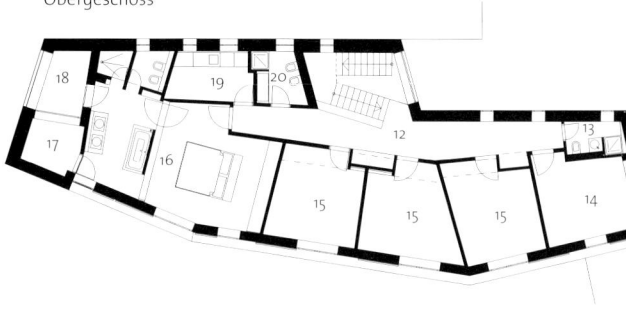

Obergeschoss

1	Eingang	12	Flur
2	WC	13	WC
3	Garderobe	14	Arbeiten
4	Speisekammer	15	Kind
5	Kochen	16	Eltern
6	Essen	17	Sauna
7	Wohnen	18	Loggia
8	Atelier	19	Hauswirtschaft
9	Werkstatt	20	Kinderbad
10	Abstell		
11	Freisitz		

Untergeschoss

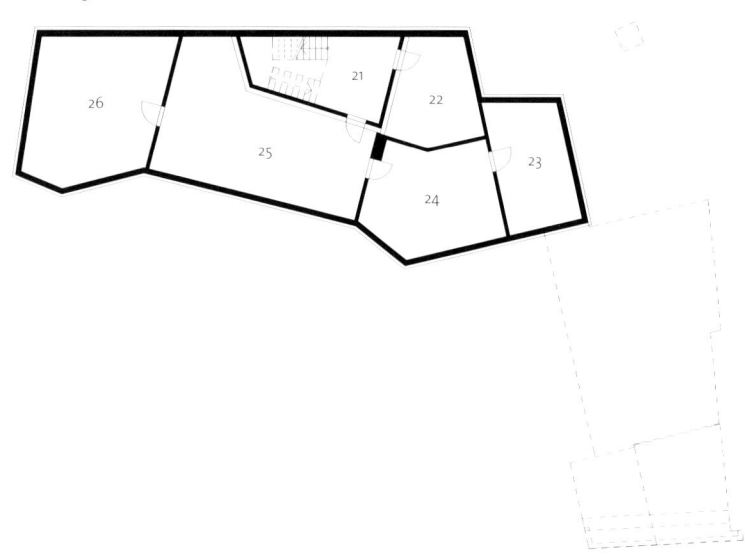

21	Flur
22	Weinkeller
23	Technik
24	Abstell
25	Kinder
26	Archiv

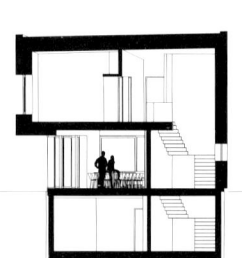
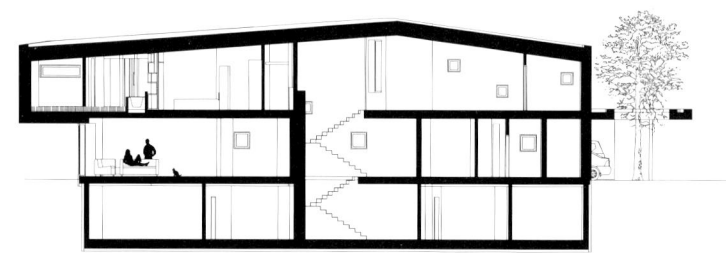

Schnitt   Schnitt

BAUDATEN

STANDORT_ Erding/Oberbayern

BAUZEITRAUM_ 2006–2007

WOHN- UND NUTZFLÄCHE GESAMT_ 521 m²

ENERGIEBEZUGSFLÄCHE_ 628 m²

THERMISCHE HÜLLE_ 1274 m²

BRUTTORAUMINHALT (BRI)_ 1962 m³

GRUNDSTÜCKSFLÄCHE_ ca. 800 m²

BAUWEISE/DÄMMUNG GEBÄUDEHÜLLE_ Ziegelmauerwerk massiv mit WDVS, Flachdach gedämmt und extensiv begrünt, Bodenplatte gedämmt

VERGLASUNGEN_ (U_g-Wert: 0,66 W/(m²K))

ENERGIEKONZEPT_ Passive Solarenergienutzung mit optimaler Gebäudeausrichtung, kontrollierte Be- und Entlüftung mit Wärmerückgewinnung, Gasheizung mit Biogasbezug, Solarkollektoren zur Brauchwassererwärmung, hoch gedämmte Gebäudehülle, wärmebrückenfreie Planung, sehr gute Luftdichtheitswerte

ENERGIESTANDARD_ Nahe Passivhaus

HEIZENERGIEBEDARF/JAHR (BERECHNET NACH PHPP)_ 21 kWh/m²

PRIMÄRENERGIEBEDARF/JAHR (FÜR HEIZUNG, WARMWASSER, HILFS- UND HAUSHALTSSTROM; BERECHNET NACH PHPP)_ 53 kWh/m²

LUFTDICHTHEIT N50_ 0,51 /h

BAUKOSTEN_ Keine Angaben

GANZ OBEN_ Dem Eingangsflur ist die ins Obergeschoss führende Treppe zugeordnet.

OBEN_ Das Bad ist gegenüber dem Schlafzimmer etwas erhöht angelegt.

31 Klare Geometrie in Weiß

Ein Niedrigstenergiehaus mit Passivhaustechnik

PLANUNG_ Walbrunn Grotz
Architekten, Bockhorn/
Erding

Von außen nicht auf den ersten Blick als Energiesparhaus zu erkennen, gibt sich das Einfamilienhaus auch insgesamt bescheiden und zurückhaltend. Ein klares Farbkonzept mit weißen Putzfassaden und dunkelgrauen Rahmen für die verglasten Bauteile unterstreicht die Geradlinigkeit der äußeren Form, die auf Dachüberstände und Vorbauten wie auch auf störende Dachaufbauten komplett verzichtet.

Klare Architektur, hohe Funktionalität

Im Bereich des Eingangs sowie der übrigen Fassadenöffnungen und insbesondere für die Terrasse wurde der Baukörper aufgeschnitten, der Sitzplatz ist unter das Obergeschoss eingezogen und so wie der nach Süden orientierte Teil des Erdgeschosses vor Wettereinflüssen und vor starker Sommersonne geschützt. Dies ist aufgrund der großen Glasflächen unabdingbar. Im Übrigen verhindern außen angebrachte Aluminium-Jalousetten auf Wunsch eine zu starke Erwärmung der Innenräume und halten unerwünschte Blicke fern. Im Norden beschränkte man sich auf die notwendigsten Öffnungen, um die Energieverluste gering zu halten und Einblicke zu vermeiden. Zur etwa 50 Meter entfernten, aber viel befahrenen Straße hin grenzt ein rot gestrichenes, holzverschaltes Nebengebäude mit Carport und Lagerraum den Gartenraum ab und verleiht ihm dadurch einen wohltuend geschützten und ruhigen Charakter.

Hochwertig Wohnen im Energiesparhaus

Vom Eingangs- und Treppenraum durch eine Schiebetüre abgetrennt, sind Ess- und Kochbereich als offene Einheit konzipiert, die durch einen von den Architekten geplanten Scheitholzofen mit wunderschöner großer Sitzfläche ergänzt wird. Hier versammeln sich

LINKS_ Carport und Nebengebäude schirmen das Wohnhaus vom öffentlichen Bereich ab und fügen einen farbigen Akzent hinzu.

OBEN_ Ansicht von Südwesten mit der unter das Obergeschoss eingezogenen Terrasse.

RECHTE SEITE_Ansicht von Südosten mit dem Hauseingang, der durch einen gedeckten Steg mit dem Carport verbunden ist.

nicht nur an Wintertagen die Familienmitglieder, wenn sie nicht am großen, ebenfalls individuell entworfenen Esstisch Platz genommen haben. Die Wärmepumpe hat nicht mehr viel zu tun, wenn der Ofen einmal angeworfen ist, denn er erwärmt das Erdgeschoss ohne Probleme ganz allein. Dank der eingesetzten Passivhaustechnik wie der kontrollierten Be- und Entlüftung, den dreischeibigen Verglasungen bei hoch effizienter Dämmung und nicht zuletzt der sehr guten Luftdichtheit bleibt das Haus allzeit wohl temperiert.

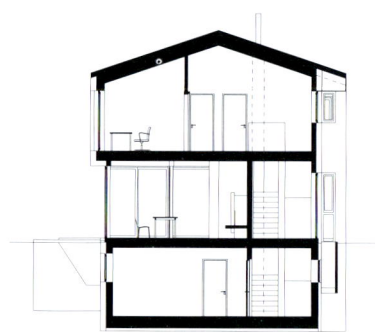

Schnitt

1 Eingang
2 WC
3 Garderobe
4 Speise
5 Kochen/Essen
6 Wohnen
7 Müll
8 Geräte/Räder
9 Abstell

15	Flur	10	Flur
16	Haustechnik	11	Bad
17	Keller	12	Eltern
18	Billard	13	Gast
		14	Kind

GANZ OBEN_ Die Wandscheibe der Treppe lässt einen wirkungsvollen Durchblick frei und betont so die skulpturale Qualität des Bauteils.

OBEN_ Blick durch den Essbereich zum Wohn- und Fernsehzimmer. Der sich in warmem Rot abhebende, gemauerte Holzscheitofen bietet auf seiner großen Sitzbank Platz für die ganze Familie.

Erdgeschoss

Untergeschoss

Obergeschoss

BAUDATEN

STANDORT_ Bei Erding/Oberbayern

BAUZEITRAUM_ 2006–2007

WOHN- UND NUTZFLÄCHE GESAMT_ 249 m² zuzüglich 30 m²
Terrassen

ENERGIEBEZUGSFLÄCHE_ 361,4 m²

THERMISCHE HÜLLE_ 680,4 m²

BRUTTORAUMINHALT (BRI)_ 1125 m³

GRUNDSTÜCKSGRÖSSE_ 600 m²

BAUWEISE/DÄMMUNG GEBÄUDEHÜLLE_ Ziegelmauerwerk
massiv mit 20 cm WDVS, Satteldach und Bodenplatte
gedämmt

VERGLASUNGEN_ Dreischeibige Passivhausverglasungen

ENERGIEKONZEPT_ Passive Solarenergienutzung bei optimaler
Gebäudeausrichtung, kontrollierte Be- und Entlüftung
mit Wärmerückgewinnung (90 %), Luft-Wärmepumpe
mit Vorheizregister, hoch gedämmte Gebäudehülle,
wärmebrückenfreie Planung, sehr gute Luftdichtheitswerte, hoch effiziente Dämmung

ENERGIESTANDARD_ KfW-40-Haus

HEIZENERGIEBEDARF/JAHR (BERECHNET NACH
ENEV)_ 34,33 kWh/m²

PRIMÄRENERGIEBEDARF/JAHR (FÜR HEIZUNG,
WARMWASSER, HILFS- UND HAUSHALTSSTROM;
BERECHNET NACH ENEV)_ 37,96 kWh/m²

BAUKOSTEN_ Keine Angaben

32 Großzügiger Kubus mit farbigen Akzenten

Ein hoch effizientes Passivhaus mit viel Komfort nahe dem Bodensee

PLANUNG_Architekt
Martin Wamsler, Markdorf
(Baden-Württemberg)
PROJEKTLEITUNG_David Braun
PROJEKTMITARBEIT_Daniela Wehr,
Marc Geber

Großzügige Einfamilienhäuser leben heute nicht mehr so sehr davon, etwas nach außen zur Schau zu stellen, sondern von ihren inneren Werten – sprich dem täglichen Wohnkomfort und ihrer erstklassigen Energieeffizienz. Um Baukörper mit 200 Quadratmetern Wohnfläche und mehr mit vernünftigen Unterhaltskosten zu realisieren und doch nicht auf speziellen Wohn-Mehrwert verzichten zu müssen, ist eine ganzheitlich kompetente Planung erforderlich. In diesem Fall handelt es sich um ein großzügiges Wohnhaus mit 218 Quadratmetern Wohnfläche, das unter anderem eine Fußbodenheizung in allen Räumen, eine zentrale Staubsaugeranlage, eine Sauna mit zugehöriger Dusche und Entspannungs-Terrasse sowie eine zusätzliche Sonnenterrasse besitzt. Im Äußeren zeigt das Haus mit seinen klaren Fassadenstrukturen den Mut zur Eindeutigkeit. Wirkungsvolle farbige Akzente zwischen der Holzleisten-Fassade und den Glasflächen setzen rote Fassadentafeln.

Komfortausstattung Energieeffizienz

Neben allen genannten Komfortfunktionen überzeugt das Haus insbesondere durch seine räumliche Durchgängigkeit und die optimale Nutzbarkeit der Räume. Das Erdgeschoss, in dem die Funktionen Wohnen, Essen und Kochen ohne Trennwände ineinander übergehen, zeichnet sich durch eine lichte Offenheit aus, die sich durch eine Glaswand bis ins Arbeitszimmer hinein fortsetzt. Die in beiden Geschossen eingebauten großen Glasflächen machen das Gebäude zusammen mit den dreischeibigen Passivhausverglasungen und den auf dem Flachdach montierten Sonnenkollektoren zum kleinen Solarkraftwerk. Nach Norden sorgt eine Pufferzone mit Abstellraum und Dusche/WC beziehungsweise Bad und Technikraum für besondere energetische Effizienz. Das nordseits angedockte, eingeschossige Nebengebäude mit integriertem Carport und wasserdichtem Keller fungiert als

LINKS_Eingangsseite mit Garage und Werkstattgebäude.

OBEN_Ansicht der Südseite mit großzügig geöffneter Fassade und roten Paneelen.

RECHTE SEITE_Blick auf das Haus von Südosten.

zusätzlicher Baustein des Passivhauskonzepts, da es ebenfalls die Funktion eines Wärme-
puffers auf dieser »kalten« Seite übernimmt. In der Summe ergibt sich aus der Zusammenschau aller Komponenten einschließlich der ungeachtet für ein Haus dieser Abmessungen
kompakten Kubatur, der sehr guten Dämmungs- und Luftdichtheitsstandards sowie
einer wärmebrückenfreien Planung ein erstaunlich niedriger Heizenergiebedarf von nur
12 kWh/m² im Jahr, der die für Passivhäuser geforderten Werte deutlich unterschreitet.

UNTEN LINKS_ Flur und Treppe
zum Obergeschoss.

OBEN_ Ausblick von der Küche
durch ein über Eck führendes
Fensterband.

UNTEN RECHTS_ Blick durch den
Wohn- und Essraum auf die
Terrasse.

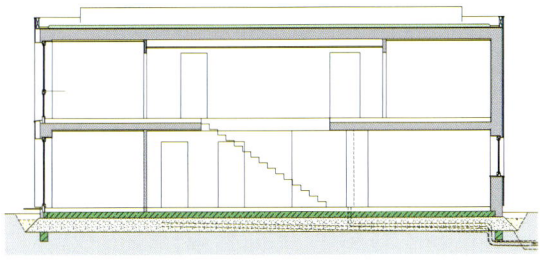

Schnitt

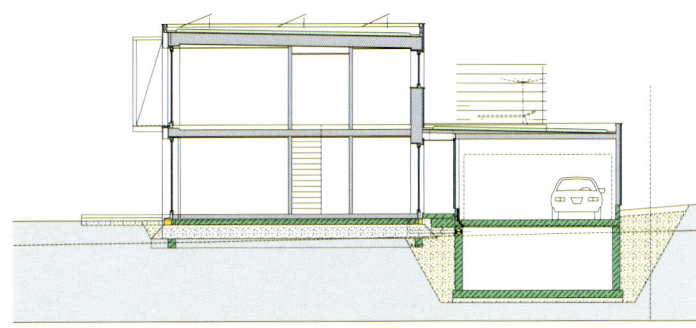

Schnitt

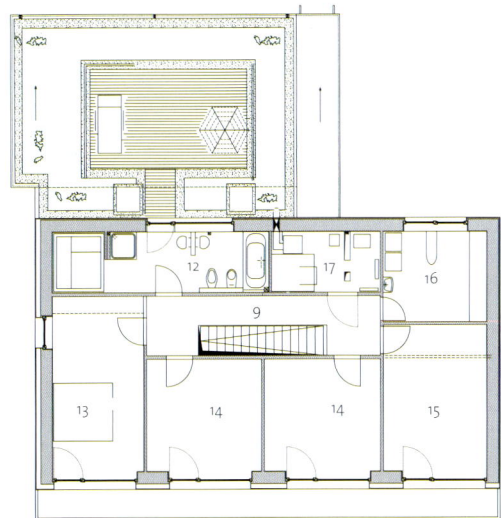

Obergeschoss

BAUDATEN

STANDORT_ Am Bodensee/Baden-Württemberg

BAUZEITRAUM_ 2008 (5 Monate)

WOHNFLÄCHE GESAMT_ 218 m² zuzüglich 92 m² Nebenfläche
(Garage, Keller, Werkstatt) und 39 m² Terrassen und Balkon

ENERGIEBEZUGSFLÄCHE (NACH PHPP)_ 218 m²

THERMISCHE HÜLLE_ 589 m²

BRUTTORAUMINHALT (BRI)_ 1279 m³ (938 m³ beheizter Bereich,
319 m³ unbeheizter Bereich, nur Wohngebäude)

GRUNDSTÜCKSGRÖSSE_ 800 m²

BAUWEISE/DÄMMUNG GEBÄUDEHÜLLE_ Holzrahmenbauweise
mit Dämmständern, Dämmung von Dach und Wänden mit
eingeblasenen Zellulosefasern, 30 cm Dämmpaneele unter
Bodenplatte

VERGLASUNGEN_ Dreischeibige Passivhausverglasungen
(U_g-Wert: 0,6 W/(m²K))

ENERGIEKONZEPT_ Optimale passive Solarenergienutzung
bei optimaler Gebäudeausrichtung, kontrollierte Be-
und Entlüftung mit Wärmerückgewinnung (86 %)
und Erdwärmetauscher, 10 m² Solarkollektoren zur
Heizungsunterstützung und Warmwasserbereitung,
Pelletofen mit Wassertasche für Spitzenlasten, hoch
gedämmte Gebäudehülle, wärmebrückenfreie Planung,
sehr gute Luftdichtheitswerte, hoch effiziente Dämmung

ENERGIESTANDARD_ Passivhaus (nach PHPP)

HEIZENERGIEBEDARF/JAHR (BERECHNET NACH PHPP)_ 12 kWh/m²

PRIMÄRENERGIEBEDARF/JAHR (FÜR HEIZUNG,
WARMWASSER, HILFS- UND HAUSHALTSSTROM;
BERECHNET NACH PHPP)_ 95 kWh/m²

LUFTDICHTHEIT N50_ 0,32/h

BAUKOSTEN (GESAMT BRUTTO, INKL. ALLER HONORARE, STEUERN
UND NEBENKOSTEN)_ ca. 433 000 Euro (ohne Nebengebäude)

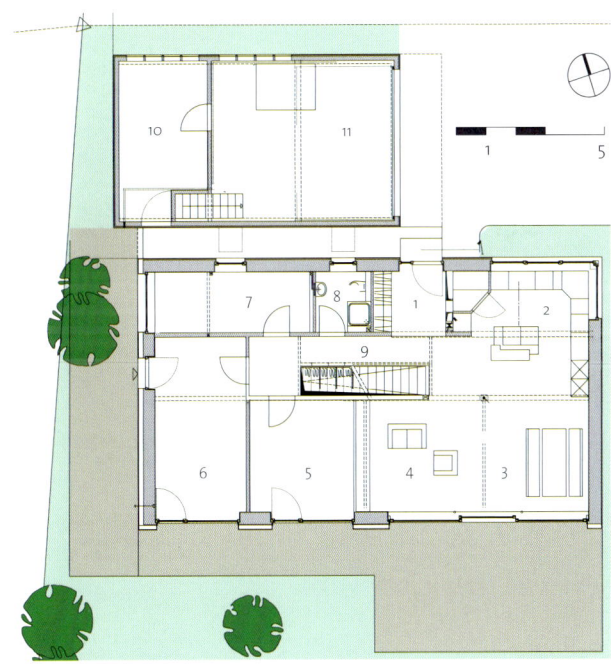

Erdgeschoss

1 Eingang	10 Werkstatt
2 Kochen	11 Garage
3 Essen	12 Bad
4 Wohnen	13 Schlafen
5 Arbeiten	14 Kind
6 Gast	15 Zimmer
7 Abstell	16 Hauswirtschaft
8 Dusche/WC	17 Technik
9 Flur	

33 Klein, aber effizient

Ein Kosten sparendes Passivhaus für eine kleine Familie in Oberschwaben

PLANUNG_Architekt
Martin Wamsler, Markdorf
(Baden-Württemberg)
PROJEKTLEITUNG_Martin Wamsler
PROJEKTMITARBEIT_Frank Hilbert,
Daniela Wehr, David Braun

Wer mit Wohnfläche haushalten kann und keinen großen Garten braucht, dem sei das hier vorgestellte Projekt wärmstens ans Herz gelegt: Geplant vom Passivhaus-Spezialisten Martin Wamsler, entstand auf einer minimal bemessenen Parzelle tatsächlich ein räumlich großzügig wirkendes Passivhaus für eine Familie mit Kindern, das für seine Bauherren nicht zur Bürde wird.

Ein Passivhaus auf kleinem Raum

In einer Ausstellung über Passivhäuser mit dem »Virus« energieeffizientes Bauen infiziert, brauchten die Bauherren nicht mehr lange, um sich zusammen mit ihrem Architekten an den Bau eines ökologisch optimierten Familienheims zu wagen. Ihr auserkorener Bauplatz bot mit seiner Einbettung in einen alten Streuobstbestand einerseits beste Voraussetzungen der Lage, wollte aber andererseits sehr gut ausgenutzt werden, denn gerade bei einem Passivhaus ist die richtige Orientierung von maßgeblicher Bedeutung. Es gelang letztlich, das zweigeschossige Gebäude mit flach geneigtem Satteldach auf nur 267 Quadratmetern so zu platzieren, dass die Südost- bis Südwestseite großflächig verglast werden konnten, um so beträchtlich passive Solarenergiegewinne zu realisieren. Nach Norden und Osten beschränkte man sich dagegen auf die notwendigen Fassadenöffnungen und bemaß sie so klein wie möglich. Die geringe Restenergie für Heizung und Warmwasser liefern die Komfortlüftung mit Erdwärmetauscher, die dachmontierten Solarkollektoren und bei Bedarf ein Stückholzofen mit Wassertasche – auch in dieser Hinsicht ein gutes Beispiel für minimierte Investitionskosten beim Heizsystem!

LINKS_Detail des Glasdachs am Eingang.

OBEN_Detailansicht von Fassade und Dach mit einem Teil der Solarkollektoren, die zur Erzielung eines optimalen Wirkungsgrads aufgeständert wurden.

RECHTE SEITE_Ansicht von Südwesten mit den Solarkollektoren auf dem Dach und dem vor den Westgiebel gestellten, thermisch vom Haus getrennten Balkon.

Kosten minimieren durch Flächenverzicht und beste Raumausnutzung

Die geringe Fläche und der bei drei Personen insgesamt beschränkte Raumbedarf ist in eine Grundrissplanung übersetzt worden, die mit dem vorhandenen Platz sehr effektiv umgeht. Das Erdgeschoss kommt überwiegend ohne trennende Wände aus, die großen Glasfronten verwischen im Eindruck die Grenzen zwischen Haus und Garten. Im Oberge- schoss sorgen die bis zum Dach geöffneten Räume für viel Kopffreiheit, Beengtheit ist hier ein Fremdwort. Statt in einem relativ teuren Keller wurden Abstellmöglichkeiten in einem angefügten Baukörper mit Carport geschaffen. Das Passivhaus spart seinen Bauherren also doppelt Geld für Heizkosten – durch seine hohe Energieeffizienz und seine kompakte, im Innern aber großzügige Bauweise.

OBEN_ Wohnbereich mit dem wasserführenden Holzscheitofen.

LINKS_ Blick entlang der Südfassade.

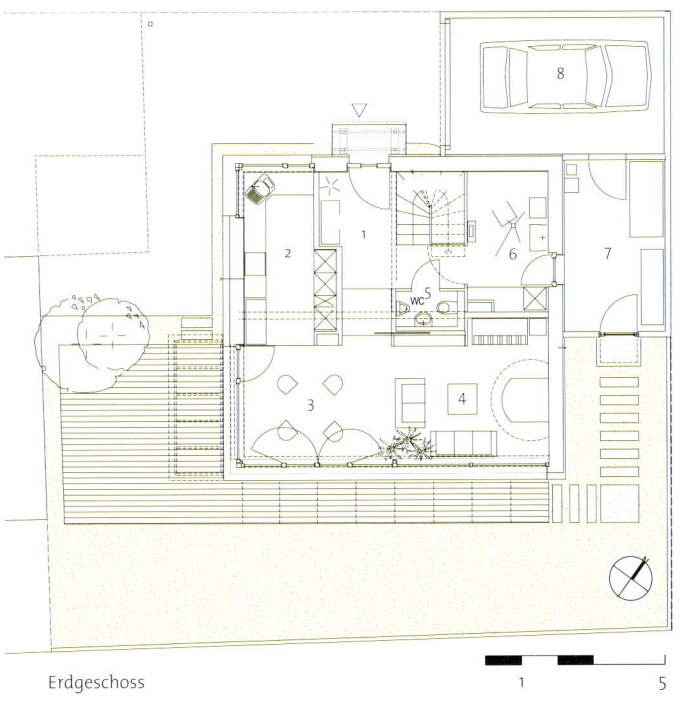

Erdgeschoss

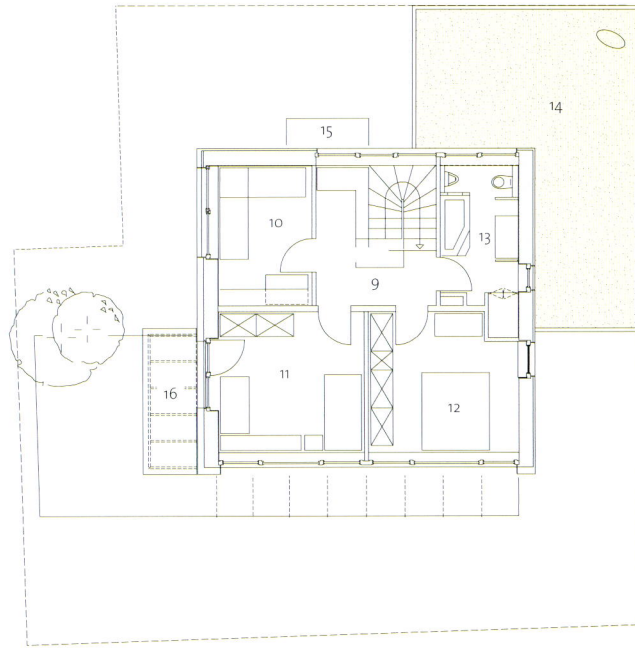

Obergeschoss

1 Eingang	9 Treppenraum
2 Kochen	10 Funkraum
3 Essen	11 Zimmer
4 Wohnen	12 Schlafen
5 WC	13 Bad
6 Technik	14 extensive
7 Abstell	Begrünung
8 Garage	15 Vordach
	16 Balkon

Schnitt

BAUDATEN

STANDORT_ Bei Herrenberg/Baden-Württemberg

BAUZEITRAUM_ 2007 (4 Monate)

WOHNFLÄCHE GESAMT_ 125 m² zuzüglich 43 m²
im Nebengebäude (Garage, Abstellraum,Technik) ,
18 m² Terrasse und Balkon

ENERGIEBEZUGSFLÄCHE (NACH PHPP)_ 115 m²

THERMISCHE HÜLLE_ 391 m²

BRUTTORAUMINHALT (BRI)_ 675 m³ (558 m³ beheizter Bereich,
117 m³ unbeheizter Bereich)

GRUNDSTÜCKSGRÖSSE_ 267 m²

BAUWEISE/DÄMMUNG GEBÄUDEHÜLLE_ Holzrahmenbauweise
mit Dämmständern, Dämmung von Dach und Wänden
mit eingeblasenen Zellulosefasern, 30 cm Dämmpaneele
unter Bodenplatte

VERGLASUNGEN_ Dreischeibige Passivhausverglasungen
(U_g-Wert: 0,6 W/(m²K))

ENERGIEKONZEPT_ Optimale passive Solarenergienutzung
bei optimaler Gebäudeausrichtung, kontrollierte Be- und
Entlüftung mit Wärmerückgewinnung (85–98 %) und
Erdwärmetauscher, 10 m² Solarkollektoren für Heizung und
Warmwasserbereitung, Holzscheitofen mit Wassertasche
für Spitzenlasten, hoch gedämmte Gebäudehülle,
wärmebrückenfreie Planung, sehr gute Luftdichtheitswerte,
hoch effiziente Dämmung

ENERGIESTANDARD_ Passivhaus (nach PHPP)

HEIZENERGIEBEDARF/JAHR (BERECHNET NACH PHPP)_ 15 kWh/m²

PRIMÄRENERGIEBEDARF/JAHR (FÜR HEIZUNG,
WARMWASSER, HILFS- UND HAUSHALTSSTROM;
BERECHNET NACH PHPP)_ 95 kWh/m²

LUFTDICHTHEIT N50_ 0,45/h

BAUKOSTEN (GESAMT BRUTTO, INKL. ALLER HONORARE, STEUERN
UND NEBENKOSTEN)_ 224 000 Euro (ohne Nebengebäude)

ANHANG

Der Autor steht für Leseranfragen gerne
zur Verfügung:
Thomas Drexel, Autor und Architekturfotograf,
Am Fladerlach 9, D-86316 Friedberg,
Tel./Fax 08 21-6 07 08 74, thomas.drexel@t-online.de

ADRESSEN
ARCHITEKTEN UND PLANER
(in alphabetischer Ordnung)

ADOBE ARCHITEKTEN+INGENIEURE GMBH
Hässlerstraße 7
99096 Erfurt
Telefon 03 61-3 45 85 01
www.agadobe.de

PASSIVHAUS ECO-® BUCHER + HÜTTINGER
Gleiwitzer Straße 22
91074 Herzogenaurach
Telefon 0 91 32-73 56 95
info@passivhaus-eco.de
www.passivhaus-eco.de

ARCHITEKT JOSEF DENGLER
F64 Architekten GbR
Füssener Straße 64
87437 Kempten
Telefon 08 31-96 01 68 24
josef.dengler@f64architekten.de
www.f64architekten.de

E3.ARCHITEKTEN
marion bartl.alexander müller.jochen schurr
Ruderatshofener Straße 4
87616 Marktoberdorf
Telefon 0 83 42-42 04 70
Obere Mühlstraße 20
86825 Bad Wörishofen
Telefon 0 82 47-9 04 57
schurr@e3-architekten.com
www.e3-architekten.com

ARCHITEKT MICHAEL FELKNER
Niedersonthofener Straße 8
87448 Waltenhofen-Oberdorf
Telefon 0 83 97-74 68
info@architekt-felkner.de
www.architekt-felkner.de

ARCHITEKTIN ELKE FISCHER
Glockengießerstraße 47 e
85435 Erding
Telefon 0 81 22-47 79 30
elkemarion@googlemail.com

RALF GROTZ ARCHITEKTURBÜRO
Lange Zeile 19
85435 Erding
Telefon 0 81 22-9 30 41
mail@grotz-architekturbuero.de
www.grotz-architekturbuero.de

ERNST MICHAEL JORDAN BMI
Am Hartfeld 8
A-4300 St. Valentin
Telefon +43-(0) 74 35-5 87 06
office@jordan-solar.at
www.jordan-solar.at

KLODWIG & PARTNER ARCHITEKTEN
Manfredstraße 6
48145 Münster
Telefon 02 51-3 79 50 21
architekten@klodwig-company.de

KOZENY BAUUNTERNEHMEN E.K.
Konradstraße 38
94065 Waldkirchen
Telefon 0 85 81-91 01 68
www.kozeny-bau.de
www.sonnenhaus-kozeny.de

ARCHITEKT ALFONS LENGDOBLER
Bahnhofstraße 10
84347 Pfarrkirchen
Telefon 0 85 61-33 68
ALengdobler@t-online.de
www.architektur-lengdobler.de

ARCHITEKTURBÜRO [LU:P]
Renée Lorenz
Ringstraße 21
96271 Grub am Forst
Telefon 0 95 60-81 22
info@lu-p.de
www.lu-p.de

MATRIX ARCHITEKTUR BDA
Christian Blauel
Ludwigstrasse 17
18055 Rostock
Telefon 03 81-4 44 35 90
post@matrix-im-netz.com
www.matrix-im-netz.com

BAUATELIER METZLER GMBH
Architekt Thomas Metzler
Lussistraße 7 a
CH-8536 Hüttwilen
Telefon +41-(0) 52-7 40 08 81
metzler@bauatelier-metzler.ch
www.bauatelier-metzler.ch

RIEK-ARCHITEKTUR
Holzstraße 102
45479 Mülheim an der Ruhr
Telefon 02 08-4 43 43 13
info@riek-architektur.de
www.riek-architektur.de

RONGEN ARCHITEKTEN
Propsteigasse 2
41849 Wassenberg
Telefon 0 24 32-30 94
www.rongen-architekten.de

ROOMDOCTOR ®
Room Doctor Ltd. & Co. KG
Telefon 0 21 61-5 76 34 42
info@roomdoctor.de
www.roomdoctor.de

MARINA RUBIN ARCHITEKTIN
Wiesenbergstraße 45
A-5164 Seeham
Telefon/Fax +43-(0) 62 17-2 05 01
marina.rubin@aon.at
www.rubin-architektur.com

ARCHITEKT CHRISTOPH SCHEITHAUER
Staufenstraße 48
83395 Freilassing
Telefon 0 86 54-4 78 4 52
arch.scheithauer@t-online.de
www.fs-architekten.at

TRANSFORMARCHITEKTEN
Andreas M. Herschel
Rheinstraße 99
64295 Darmstadt
Telefon 0 61 51-8 00 18 45
mail@transformarchitekten.de

WALTER UNTERRAINER ARCHITEKT
Marktgasse 17
A-6800 Feldkirch
Telefon +43-(0) 55 22-7 46 84
Telefon mobil +43-(0) 6 76-7 76 42 84
office@architekt-unterrainer.com
www.architekt-unterrainer.com

ARCHITEKTURBÜRO VALLENTIN
Gernot Vallentin
Am Marienstift 12
84405 Dorfen
Telefon 0 80 81-95 57 45
info@vallentin-architektur.de
www.vallentin-architektur.de

WALBRUNN GROTZ ARCHITEKTEN

Ralf Grotz Architekturbüro
Lange Zeile 19
85435 Erding
Telefon 0 81 22-9 30 41
mail@grotz-architekturbuero.de
www.grotz-architekturbuero.de

Walbrunn Architekten
Emling 7 b
D-85461 Bockhorn b. Erding
Telefon: 0 81 22-18 3 99
walbrunn.architekt@t-online.de

MARTIN WAMSLER ARCHITEKT BDA
zertifizierter Passivhausplaner
Weinsteig 2
88677 Markdorf
Telefon 0 75 44-81 04
wamsler@architekt-wamsler.de
www.architekt-wamsler.de

ADRESSEN
BERATUNG UND FÖRDERUNG

BAYERISCHE ARCHITEKTENKAMMER (BYAK)
www.byak.de

BUNDESAMT FÜR ENERGIE (BFE) (SCHWEIZ)
www.bfe.admin.ch

BUNDESAMT FÜR UMWELT (BAFU) (SCHWEIZ)
www.bafu.admin.ch

BUNDESAMT FÜR WIRTSCHAFT UND AUSFUHR-
KONTROLLE (BAFA)
(Bauförderungen)
www.bafa.de

FACHAGENTUR NACHWACHSENDE ROHSTOFFE
E.V. (FNR)
(Bauförderungen)
Hofplatz 1
18276 Gülzow
Telefon 0 38 43-6 93 00
www.fnr.de

KREDITANSTALT FÜR WIEDERAUFBAU (KFW)
www.kfw-foerderbank.de

OIB
Österreichisches Institut für Bautechnik
Telefon +43-(0)1-5 33 65 50
Schenkenstraße 4
A-1010 Wien
mail@oib.or.at
www.oib.or.at

PASSIVHAUS INSTITUT DARMSTADT
Rheinstraße 44/46
64283 Darmstadt
Telefon 0 61 51-82 69 90
www.passiv.de

UMWELTBANK NÜRNBERG
u.a. vergünstigte Finanzierungen für nachhaltiges
Bauen
Laufertorgraben 6
D-90489 Nürnberg
Telefon: 09 11-5 30 81 05
www.umweltbank.de

VERSANDSERVICE VERBRAUCHERZENTRALE
BUNDESVERBAND
Postfach 1116
D-59930 Olsberg
Telefon: 0 29 62-90 86 47
E-mail: versandservice@vzbv.de
www.vzbv.de
Verbraucherinformationen zu unterschiedlichen
Themen, u.a. zum kostengünstigen Bauen

WWW.BAUARCHIV.DE
insbesondere www.bauarchiv.de/neu/baurecht/_bau-
genehmigung.htm
umfassende Webside zu den verschiedensten Bau-
und Architekturthemen, unter anderem zum Thema

Bauen + Geld (Baukosten, Honorarabrechnung,
Fördermittel etc.)

WWW.BAUDOC.CH
Informationen zu verschiedensten Bauthemen in der
Schweiz

WWW.BAUFOERDERER.DE
Beratungsforum für Bauherren (Baufinanzierung,
Bauberatung, Baurecht, Baurechner für Fördermög-
lichkeiten etc.)

WWW.ENERGYAGENCY.AT/ESF/INDEX.HTM
Webside mit Link zu Energiesparförderungen und
Energieberatung in ganz Österreich, mit Verzeichnis
der Ansprechpartner auf Bundes- und Landesebene

WWW.FOERDERMITTELAUSKUNFT.DE
Webside über verfügbare Bau-Fördermittel

WWW.HELP.GV.AT
Behördenübergreifende Plattform zu Amtswegen in
Österreich – in der Rubrik ›Bauen‹ u.a. Informationen
zu finanziellen Förderungen und Beihilfen

WWW.MINERGIE.CH
Webside zum Schweizerischen Minergie-Label

WWW.OEKOSTEST.DE

WWW.SOLARFOERDERUNG.DE
Informationen über verfügbare Solar-Fördermittel

WWW.VERBRAUCHERZENTRALE-ENERGIEBERA-
TUNG.DE

ADRESSEN VON
BEZUGSQUELLEN UND
UNTERNEHMEN

BAUWERKSTATT BIEHLER
(u.a. energetische und ökologische Sanierungen)
Steindorfer Straße 15
86511 Schmiechen
Telefon 0 82 06-96 27 97
bauwerkstatt-biehler@web.de
www.bauwerkstatt-biehler.de

CLAYTEC E. K.
Nettetaler Straße 113
D-41751 Viersen
Telefon: 0 21 53-91 80
E-mail: sevice@claytec.com
Homepage: www.claytec.com

GUTEX HOLZFASERPLATTENWERK H. HENSEL-
MANN GMBH + CO. KG
Gutenburg 5
D-79761 Waldshut-Tiengen
Telefon: 0 77 41-6 09 90
Homepage: www.gutex.de

ISOFLOC WÄRMEDÄMMTECHNIK GMBH
Am Fieseler Werk 3
34253 Lohfelden

Telefon 05 61-95 17 20
info@isofloc.de
www.isofloc.de

KONAK KUNSTSTOFFVERARBEITUNG
(Anbieter Textilvlies f. Fassade)
Lerchenfeldstraße 15
A-6890 Lustenau
ahmet.kocagozeli@aon.at
www.konak-netze.com

LIGNATUR AG
CH-9104 Waldstatt
Tel. 0041-(0)71 353 04 10
E-mail: info@lignatur.ch
Homepage: www.lignatur.ch

LIGNOTREND PRODUKTIONS GMBH
Landstrasse 25
D-79809 Weilheim-Bannholz
Telefon 0 77 55-9 20 00
E-Mail: inf@lignotrend.com
Homepage: www.lignotrend.de

NATURSTROM AG
NaturStromHandel GmbH
Achenbachstraße 43
40237 Düsseldorf
Telefon 02 11-77 90 00
www.naturstrom.de

ÖKO-HAUS GMBH
(u.a. ökologische Bauprodukte, Solar)
Jürgen Münzer
Pfarrer-Singer-Straße 5
87745 Eppishausen – Weiler
Telefon 0 82 66-8 62 20 18
juergen.muenzer@oeko-haus.com
www.oeko-haus.com

PAVATEX GMBH
Wangener Straße 58
D-88299 Leutkirch
Telefon 0 75 61-9 85 50
www.pavatex.de

RAUMOBJEKT HAMMERMEISTER
Graf-von-Galen-Straße 100 a
52525 Heinsberg-Oberbruch
Telefon 0 24 52-6 66 47
t.hammermeister@raumobjekt.de
www.raumobjekt.de

DEUTSCHE POROTON GMBH
Kochstraße 6-7
10969 Berlin
Telefon 0 30-25 29 44 99
mail@poroton.org
www.poroton.org

SOLARWORLD AG
Martin-Luther-King-Straße 24
53175 Bonn
Telefon 02 28-55 92 00
service@solarworld.de
www.solarworld.de

BILDNACHWEIS

Andreas Buchberger, Wien: Seite 38–40
Archiv Architekten: Seite 10–20, 46–51, 56–58,
100 oben, 130–131, 166–172
Deutsche Poroton: Seite 7
Deutsche Poroton / Thomas Drexel: Seite 52–54
Thomas Drexel, Friedberg / By.: Seite 7, 22–36, 60–64,
70–84, 92–118, 120 unten–128, 134–164
Lothar Hasenleithner, A-St. Valentin: Seite 43–44
Nils Kemmerling, Düsseldorf: Seite 86–90
Anja Schlamann, Köln: Seite 66–68

Alle Planzeichnungen stammen von den jeweiligen
Architekten und Planern.

DANK

Der herzliche Dank des Autors gilt allen Eigentümern
und Architekten der im Buch vorgestellten Häuser,
deren Mitarbeitsbereitschaft und teils auch ganz
praktische Gastfreundschaft das Gelingen des Buches
erst möglich gemacht haben. Andrea Mogwitz zeich-
nete für das äußerst gelungene Layout verantwortlich,
das dem Thema seinen idealen Rahmen gibt. Monika
Pitterle danke ich für Koordination und Projekt-
anpassung, Programmleiter Roland Thomas brachte
das Projekt zusammen mit dem Autor auf den Weg.

IMPRESSUM

FSC
Mix
Produktgruppe aus vorbildlich
bewirtschafteten Wäldern, kontrollierten
Herkünften und Recyclingholz oder -fasern
www.fsc.org Zert-Nr. GFA-COC-001575
© 1996 Forest Stewardship Council

Verlagsgruppe Random House
FSC-DEU-0100
Das für dieses Buch verwendete
FSC-zertifizierte Papier *Allegro*,
hergestellt von Biberist, lieferte
Berberich.

1. Auflage
COPYRIGHT_© 2009 Deutsche
Verlags-Anstalt, München,
in der Verlagsgruppe Random
House GmbH
Alle Rechte vorbehalten

UMSCHLAGGESTALTUNG_ Klaus Meyer,
München
GESTALTUNG_ Andrea Mogwitz,
München
Gesetzt aus der Thesis, The Mix light
und The Sans

LITHOGRAFIE_Repro Ludwig, Zell am See
DRUCK UND BINDUNG_Offizin Andersen
Nexö Leipzig, Zwenkau
Printed in Germany
ISBN 978-3-421-03676-6
www.dva.de